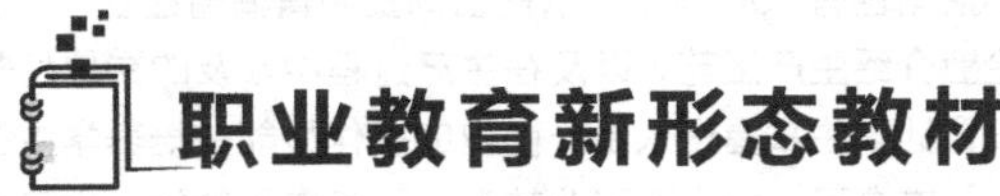

盐湖资源综合利用

YANHU ZIYUAN ZONGHE LIYONG

方 黎 李永梅 主 编

马明珠 孙学敏 副主编

化学工业出版社

· 北 京 ·

内容简介

青藏高原，已知的盐湖就有123个。柴达木盆地中的察尔汗盐湖群由南霍布逊、北霍布逊、达布逊、大别勒滩、小别勒滩、涩聂和东陵等表面有湖水的盐湖和察尔汗、别勒滩两个干盐湖所组成。鄂尔多斯高原大小盐湖也有100多个。依托盐湖资源青海省建立很多企业，本书结合K、Li、Mg、Na资源开发利用的生产企业介绍生产工艺，以及在生产过程中涉及的岗位任务、岗位职责及核心设备等。通过案例分析及实训内容设置让学生掌握进入生产岗位的操作技能并培养学生的安全意识。

本书可作为高等职业教育化工类专业教材，也可作为从事盐化工生产的工程技术人员的参考书。

图书在版编目（CIP）数据

盐湖资源综合利用 / 方黎，李永梅主编；马明珠，孙学敏副主编. —北京：化学工业出版社，2022.10

ISBN 978-7-122-41989-7

Ⅰ.①盐… Ⅱ.①方… ②李… ③马… ④孙… Ⅲ.①盐湖-自然资源-资源利用-青海-教材 Ⅳ.①P942.447.8

中国版本图书馆CIP数据核字（2022）第147449号

责任编辑：张双进　王海燕
文字编辑：崔婷婷
责任校对：边　涛
装帧设计：王晓宇

出版发行：化学工业出版社
（北京市东城区青年湖南街13号　邮政编码100011）
印　　装：涿州市般润文化传播有限公司
787mm×1092mm　1/16　印张8¾　字数198千字
2023年1月北京第1版第1次印刷

购书咨询：010-64518888　　售后服务：010-64518899
网　　址：http://www.cip.com.cn
凡购买本书，如有缺损质量问题，本社销售中心负责调换。

定　　价：38.00元

前言

在青藏高原，已知的盐湖就有123个。依托盐湖资源在青海省建立了很多盐加工企业，为当地经济发展作出了巨大贡献。对于企业而言他们需要有一定盐化工生产理论知识、同时又掌握盐化工企业生产工艺及安全生产规章制度的人才为企业服务。

为更好地培养适合企业需求的学生，并能使学生更好地适应工作岗位，需要一本能够和企业生产更为贴近的关于盐湖资源生产利用的教学用书。在此背景下我们组织学校老师和企业技术人员编写了这本适合于职业化工相关专业教学使用的教材。为了使内容更适合于企业需求，本书主编及副主编在青海盐湖集团钾肥分公司、蓝科锂业有限公司、西部镁业有限公司等调研学习，了解企业生产工艺流程、企业人才需求，收集相关资料。通过调研学习为本书的编写理清了思路，为编写积累了诸多资料。

本书以盐湖 K、Mg、Li、Na 资源开发生产的企业为例，介绍相关生产工艺流程、工段及岗位设置、岗位任务及职责、企业生产中的危险源辨识与预防措施等。使学生学习后能更了解相关企业的生产实际情况，提高学生的职业素养，增强学生们的安全生产意识。

本书可作为职业院校化工类专业教材，也可供相关专业技术人员学习、参考。

本书由方黎、李永梅任主编，马明珠、孙学敏任副主编，边红利主审。企业工作人员车广云、张伟作为参编在书本编写过程中给予了诸多帮助，在此表示由衷感谢。由于编者水平有限，书中难免有不足之处，敬请读者批评指正。

编　者

2022年4月

目录

二维码资源目录

序号	资源名称	资源类型	页码
1	浓密机实际工作视频	视频	030
2	水平带式过滤机实际工作视频	视频	032
3	浮选机实际工作视频	视频	035

模块一
认识盐湖资源

知识目标

1. 掌握盐湖的概念及分类。
2. 熟悉青海省盐湖资源的分布情况及特点。
3. 了解青海省盐湖矿产的种类。
4. 知道青海省盐湖资源综合利用主要企业概况。

技能目标

1. 能向他人介绍青海省盐湖资源情况。
2. 能向他人介绍青海省盐湖资源综合利用相关企业的概况。
3. 根据自己所学能尽快适应相关企业的工作岗位。

素质目标

1. 树立环保意识。
2. 培养爱国、爱家乡的情怀。
3. 树立正确的人生观、价值观。
4. 提高语言表达能力，培养团队意识。

项目一 盐湖资源简介

任务 
学习盐湖的概念及分布情况

提问：什么是盐湖，其分布情况如何？

盐湖一般存在于干旱、半干旱气候的地区。该地区湖泊由于干旱少雨，蒸发强烈，湖水的蒸发量大于补给量，湖水逐渐浓缩，含盐量增加，最终形成盐湖。由于盐湖是在一定的自然条件下形成的，因此其分布亦呈现出地带性规律。我国绝大多数盐湖分布在西北部广大内流干旱地区的草原、苔原和荒漠内，而且分布比较集中，甚至还出现了连续和密集分布的盐湖群。藏北高原、柴达木盆地、天山南北以及鄂尔多斯高原等地都是盐湖集中分布的地区。在青藏高原，已知的盐湖就有 123 个。柴达木盆地中的察尔汗盐湖群由南霍布逊、北霍布逊、达布逊、大别勒滩、小别勒滩、涩聂和东陵等表面有湖水的盐湖和察尔汗、别勒滩两个干盐湖所组成，东西长 168km，南北宽 20～40km，总面积达 5856km^2。鄂尔多斯高原大小盐湖也有 100 多个。

任务二
学习盐化工的基本概念

一、什么是盐化工

盐化工是无机盐工业的一部分，盐化工的生产涉及多种无机盐产品。所谓盐化工，就是以盐（包括海盐、湖盐、井盐和矿盐等）为原料，经化学或者物理，或者化学与物理兼而有之的加工过程而获得化工产品的工业。盐和盐化工的一系列产品，不仅是生产盐酸、纯碱和烧碱的基本原料，而且在冶金、染料、涂料、玻璃、造纸、化肥、军工等行业中都有着极其重要的作用。没有发达的制盐工业，就不可能有发达的化学工业，也就不可能有国民经济的全面发展。

世界上的化学物质可分为两大类——无机物和有机物。无机物包括无机酸、无机碱、无机盐、单质及元素化合物等几大类。我们比较熟悉的硫酸、盐酸、硝酸（三酸）即是无机酸，烧碱、熟石灰都是无机碱。无机盐就是无机酸与无机碱发生中和反应生成的产物，也可认为是由无机酸根与金属离子组成的化合物。无机盐在生产和生活中的应用十分广泛，如食盐（$NaCl$）、食用碱（Na_2CO_3）、中药芒硝（$Na_2SO_4 \cdot 10H_2O$）、火药火硝（KNO_3），还有用于皮肤消毒的碘酒（碘和碘化钾的稀酒精溶液），用作消毒剂、除臭剂、水质净化剂的高锰酸钾水溶液等。

盐化工确切的定义应该是以含盐物质（包括矿石盐、海水、盐湖水、地下卤水、石油井水和天然气井水）为原料，经化学过程，或者物理过程，也可以是化学过程和物理过程兼而有之的加工，获得化工产品的工业。还有人认为，以卤水为原料的化学工业就是盐化工。

这里所说的卤水，包括天然卤水和人工卤水两大类。与无机盐工业相比，盐化工所指的范围要狭窄些，盐化工是无机盐工业的一个重要分支。盐化工的范畴应包括盐矿资源的开采、卤水净化、盐及含有其他化学元素的化工产品的制取。

卤水一般是指由咸水（海水、盐湖水等）制盐时所残留的母液，人们习惯上将所有含盐水（包括海水、盐湖水、地下卤水、油井和气井盐水等）统称为卤水，并特将制盐后的母液称为苦卤。由于通常是将矿盐溶解为人工卤水后作为生产原料用，所以把矿盐算作地下卤水这一类。海盐区，利用海水制盐后的母液（苦卤），制取氯化钾、溴、氯化镁等，以及制盐前的中度卤水提取十水硫酸钠、溴等化工产品；井矿盐区，从地下卤水中提取氯化钠、硫酸钠、碘、锂等产品。以上这些加工过程均属于盐化工范畴。盐化工的一系列产品，不仅是生产盐酸、纯碱和烧碱的基本原料，而且在冶金、燃料、化肥、军工等行业中都有着极其重要的作用。

二、盐湖资源分类情况

盐湖中盐类种类繁多，已发现的盐类矿物有40多种，除了石盐、天然碱、芒硝和石膏等常见的普通盐类外，还有硼、钾、锂、银和锶等稀有盐类。我国盐湖不仅储量丰富，而且硼、钾和锂等盐类高度富集，开采便利。察尔汗盐湖盐层最大厚度超过50m，蕴藏着以氯化物为主的盐类达 600 亿吨。吉兰泰盐湖和茶卡盐湖平均氯化钠含量分别为74.03%和93%。

项目二
青海省盐湖资源概况

任务一 学习青海省盐湖资源的特点

青海省盐湖主要集中在有“聚宝盆”美称的柴达木盆地。以钾、钠、镁、硼、锂五大类为主体的盐类资源总储量达 3315.4 亿吨，其中氯化钾、镁盐、氯化锂、钠盐的储量列全国第一。除此之外，溴、碘、锶、铷、铯、石膏等储量也十分乐观。

主要大型矿床有察尔汗盐湖、东台吉乃尔盐湖。

青海省盐湖资源的特点如下。

1. 储量大

居全国第一位的有钾、钠、镁、芒硝、锶、锂等。

2. 品位高

卤水中锂含量高达 2.2～3.12g/L，其中东、西台吉乃尔湖和一里坪盐湖卤水锂含量均比美国大盐湖含量高 10 倍，察尔汗盐湖和马海盐湖晶间卤水经日晒可以析出高纯的光卤石和钾石盐。

3. 类型全

资源分布相对集中、组合好，多种有用组分共生，有氯化物型盐湖、硫酸盐型盐湖和碳酸盐型盐湖。

任务二 学习青海省盐湖矿产资源种类

青海省主要的盐湖矿产包括钠盐、钾盐、镁盐、芒硝、锂盐及硼矿。

一、钠盐

钠盐主要以固体石盐为主，其次为卤水盐。共探明产地 25 处，探明氯化钠储量为

2908 亿吨，百亿吨以上储量和大型矿产有 5 处，最大的大浪滩梁中矿床储量约为 1406 亿吨，其次是昆特依大盐滩、马海、察尔汗和别勒滩矿床，储量分别为 769 亿吨、305 亿吨、105 亿吨、323 亿吨；30 亿～90 亿吨的矿床有察汗斯拉图、西台吉乃尔湖、茶卡盐湖、柯柯盐湖等，均为大、中型矿床。这些矿区 97%的储量为石盐，矿层分布稳定、厚度大、埋藏浅、易采易选，矿石含氯化钠品位一般大于 70%，其中柯柯盐湖达 83%。

二、钾盐

目前已经探明钾盐产地 22 处，绝大部分分布在柴达木盆地。其中，大型矿床有察尔汗、昆特依、大浪滩、马海 4 处大型矿区，探明储量依次为 1.54 亿吨、1.21 亿吨、0.61 亿吨、0.64 亿吨，合计储量占全省表内总储量的 89%；中型矿 5 处；小型矿 13 处，分别是一里坪和东、西台吉乃尔湖，大、小柴旦湖，察汗斯拉图，尕斯库勒湖矿区及其共生的中小型钾盐矿。在这些矿区中，以察尔汗盐湖 3 个矿区规模最大，勘探程度最高，累计氯化钾储量为 1.5 亿吨，除少数固体石盐钾矿外，95%的储量为第四系晶间或孔隙卤水钾盐矿，以湖泊硫酸镁亚型钾镁盐矿为主。

三、镁盐

镁盐主要有氯化镁和硫酸镁两种类型，并与钾盐密切共生，大部分储量为液体矿。中国 99%以上的镁盐储量分布在柴达木盆地。已经探明产地 21 处，特大型矿床 8 处，中型矿床 6 处，小型矿床 7 处。合计储量为 48.6 亿吨，其中氯化镁 31.9 亿吨，仅察尔汗就达 16.8 亿吨；硫酸镁 16.7 亿吨。

四、芒硝

青海省芒硝主要分布于柴达木盆地和西宁地区，已经探明储量矿区 20 多处，硫酸钠储量为 87.1 亿吨。其中柴达木盆地矿区 9 处，共探明储量 66.9 亿吨，占全省储量的 77%。在这些矿区中，大浪滩梁中矿床储量约 51.7 亿吨，其次为察汗斯拉图 7 亿吨，储量大于亿吨的矿区还有大柴旦大浪滩、双泉、昆特依大盐滩等矿区。各矿区芒硝矿层分布稳定、厚度较大、埋藏浅、易采易选，矿石含硫酸钠品位一般大于 50%，其中察汗斯拉图、一里沟芒硝矿体多裸露地表，硫酸钠品位大于 80%，且易脱水成无水硫酸钠，开采加工极为方便。西宁盆地以钙芒硝为主，预测资源总量在 400 亿吨以上，西宁北山-泮子山、互助县硝沟及硝沟外围、平安区三十里铺 4 个大、中型矿床探明储量约为 20 亿吨。各矿区矿体层分布稳定，厚度大，含硫酸钠品位一般为 30%左右。

五、锂盐

我国是锂资源较为丰富的国家之一，我国已探明的锂资源储量约为 795 万吨，约占全球总探明储量的 7%。我国的盐湖资源约占全国锂资源总储量的 85%，矿石资源约占 15%，主要分布在青海、西藏、新疆、四川、江西、湖南等省区。如图 1-1 所示。

盐湖型矿床主要分布在青海和西藏，具体可分为碳酸盐型、硫酸盐型和卤化物型 3 种，目前主要开发的盐湖卤水为碳酸盐型和硫酸盐型。前者以西藏扎布耶盐湖为代表，后者以察尔汗、西台吉乃尔、大浪滩、一里坪、南翼山等盐湖为代表。其中，碳酸盐型盐湖锂、铷、铯等金属易于提取，开发利用成本低。

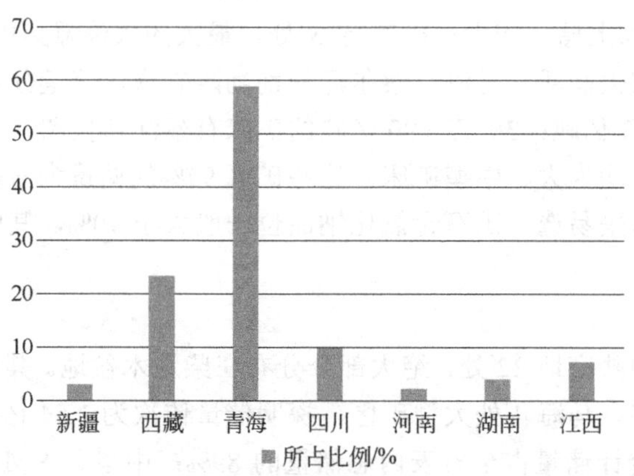

图 1-1 金属锂资源储量各省区分布图

我国盐湖锂资源大部分集中在青藏高原，整个地区盐湖锂矿床有 90 多个，锂矿床以硫酸盐型为主，已查明的资源储量占全国盐湖锂储量的 80.54%左右。其中有一半以上的盐湖锂资源集中在青海，青海氯化锂资源储量达到 1982 万吨左右。柴达木盆地中查明已达到工业品位的硫酸盐型盐湖锂矿床有 11 个。

六、硼矿

柴达木盆地的硼矿在中国占有比较重要的地位，上表硼矿产地 12 处，其中固体矿 6 处，液体矿 8 处，保有储量为 1152.5 亿吨，探明三氧化二硼平均品位大于 2%，最高达 10%以上，主要包括大柴旦湖、小柴旦湖（以固体矿为主）的 2 处大型矿区，合计储量 522 万吨，占总储量的 44%，其余为伴生的液体硼矿。

项目三 青海省盐湖化工企业简介

一、青海盐湖钾肥股份有限公司

地处青海省格尔木市察尔汗，是中国现有最大的钾肥生产基地。经过六十多年的开发和建设，现已形成集生产、经营、科研、综合开发为一体的大型、现代化钾肥生产企业，历年来产销率均为 100%。公司主导品“盐桥”牌钾肥是国内重要的支农产品，在我国钾肥行业中排名第一，占我国钾肥生产量和国产钾肥销售额的 96%。

公司积极推进科学技术进步，提高企业科技含量，生产各系统实施一系列技术改造，“反浮选-冷结晶”工艺已达到了国际同类先进水平，产品质量有了质的飞跃，产品水分含量和一级品率达到国际标准。通过不断创新，现已形成了“创新、创效、超越、卓越”的企业精神和“思路决定出路、决策总揽全局、组织关系成败、监控保障实施”的管理理念，并充分利用制度优势、体制优势、产权优势、产业优势、资源优势、产品优势、经济优势、技术优势、人才优势、形象优势等十大优势，形成了生产稳定、改革到位、管理见效、队伍成熟的良好局面，公司发展健康、生产经营运行平稳、经营业绩不断提高，继续呈现良好的发展势头。

治企方针：管理理念思路决定出路，决策总揽全局，组织关系成败，机制保障实施。

管理理念：经营理念实施市场核算，内部授权经营，完善考核体系，健全约束机制，高效优质运转，保持行业领先。

二、青海盐湖蓝科锂业股份有限公司

青海盐湖蓝科锂业股份有限公司由青海盐湖科技开发有限公司和青海佛照锂能源开发有限公司、青海威力新能源材料有限公司、芜湖基石股权投资基金（有限合伙）四方共同投资组建。公司于 2007 年 3 月 22 日，取得青海省工商行政管理局颁发的《企业法人营业执照》后正式成立，公司注册资金为 2.22 亿元，“年产 1 万吨高纯优质碳酸锂”项目建设总投资为 7 亿多元，项目建设总用地 5.211 公顷。工艺采用国际先进的俄罗斯离子交换吸附法提锂技术，目前项目建设工作已完成，正处在产品质量、生产工艺稳定、产量稳步提高阶段。

公司主营碳酸锂产品，兼营氯化锂、氢氧化锂、金属锂、锂镁合金等锂系列产品的研究、开发、生产、咨询，生产、经营副产镁系列产品，道路普通货物运输。

三、青海西部镁业有限公司

青海西部镁业有限公司是由西部矿业股份有限公司和中南大学于2006年2月8日共同出资成立的高新技术企业，旨在利用西部矿业股份有限公司的管理、资本优势和中南大学技术、研发优势，综合开发利用青海盐湖丰富镁资源。

以察尔汗盐湖地区钾肥企业排放的废弃物为原料，采用石灰-氨联合法生产$Mg(OH)_2$、MgO、烧结镁砂、电熔镁砂等一系列产品，不仅可以将该废弃物综合利用，并且能增加较高的经济价值。

青海西部镁业有限公司是青海省唯一中国500强企业西部矿业股份有限公司控股子公司，是青海省科技厅认定的高新技术企业。公司主要从事盐湖提镁和化工镁产品加工业务，是国内第一家也是唯一一家生产规模达到15万吨以上的盐湖镁资源开发企业，产能名列世界第三。公司生产高纯镁系产品，以纯度高、品质好、成本低等优势迅速占领国内市场，五个“世界第一”产品远销到美国、法国、德国、日本、韩国、荷兰等国家。公司厂址位于德令哈工业园区，占地面积600亩，员工400人。

四、中盐青海昆仑碱业有限公司

中盐青海昆仑碱业有限公司成立于2008年6月12日，由中盐总公司控股的内蒙古兰太实业股份有限公司和青海海西蒙西联投资有限公司（原青海海西蒙西联碱业有限公司）共同出资组建，注册资金为人民币5亿元。公司位于德令哈市循环经济工业园区，距青海省西宁市520km。

公司以青海省海西州柯鲁克湖丰富的盐矿资源为原料，采用氨碱法生产碳酸钠。产品主要为重质纯碱、轻质纯碱、低盐优质重质纯碱和食品添加剂碳酸钠。公司100万吨/年纯碱工程项目的建设为中盐总公司打造西部盐化工基地的发展规划，推进柴达木循环经济试验区的建设，提升德令哈市“中国碱都”品牌的知名度以及增强企业的核心竞争力和实现企业的可持续发展奠定了坚实的基础。该项目建成，为青海省解决就业岗位1500余个。

在今后公司将进一步响应柴达木循环经济试验区的号召，综合利用资源，推动循环经济发展，打造资源消耗低、环境污染少、科技含量高、经济效益好的新型化工企业，为柴达木循环经济试验区的建设，为地区经济发展和社会进步做出应有的贡献。

实训任务一
认知青海省盐湖资源分布

一、实训目的

1. 认识青海省盐湖资源的分布情况；
2. 知道青海盐湖矿产按照矿床的分类。

二、实训准备

（1）场所　盐化工实训基地。

（2）设备　盐湖资源分布沙盘。

（3）材料　学习心得。

三、实训步骤

（1）查阅资料，自己总结青海省盐湖资源分布情况，完成老师课前发布的任务单。

（2）以小组为单位，对总结情况进行汇报。对每个小组的汇报情况进行组内、组间及教师打分。

（3）以小组为单位，利用沙盘完成任务。老师给出盐湖名称，学生通过操作沙盘，找出盐湖所在位置，并能叙述该盐湖矿产资源的特点。

（4）问题解决。学生在叙述过程中，小组成员对内容进行补充，有问题的地方老师进行纠正。

四、实训评价

（1）学生自评　学生自评表见表 1-1。

表 1-1　学生自评表

评价内容	评分标准	得分
仪表仪态（10 分）	仪表大方，谈吐自然	
语言表达（10 分）	声音清晰，言简意赅，突出重点	
现场互动（20 分）	有感染力，现场互动良好	
时间把握（10 分）	在规定时间内完成，时间分配合理	
逻辑清晰（40 分）	所回答问题的内容跟老师的问题相符，条理清晰	
团队合作（10 分）	富有团队协作精神，团队成员参与度高	

（2）教师评价　教师评分表见表 1-2。

表 1-2　教师评分表

评价内容	评分标准	得分
知识与技能评价（80 分）	仪表大方，谈吐自然	
	声音清晰，言简意赅，突出重点	
	有感染力，现场互动良好	
	在规定时间内完成，时间分配合理	
	所回答问题的内容跟老师的问题相符，条理清晰	
素质评分（20 分）	富有团队协作精神，团队成员参与度高	

五、实训作业单

1. 根据学习内容总结什么是盐湖资源。
2. 青海省盐湖资源概况是什么？学生查找资料撰写汇报内容。

模块二
盐湖钾资源综合利用

知识目标

1. 掌握氯化钾的物理化学性质及用途。
2. 了解钾肥的种类及钾肥生产原料的来源。
3. 掌握反浮选-冷结晶法生产氯化钾的基本原理。
4. 理解浮选的基本原理。
5. 知道浮选的基本概念及影响因素。

技能目标

1. 能正确认识反浮选-冷结晶生产氯化钾的主要工段。
2. 根据工段设置能很快知道每个工段的岗位设置及每个岗位的主要职责。
3. 能正确、安全地操作自己所在岗位用到的主要设备，并能进行简单的故障判断及维修。
4. 能判断事故原因并根据事故原因能提出解决办法。
5. 有判断危险源存在及掌握预防措施的能力。

素质目标

1. 提高安全环保意识。
2. 培养谦虚谨慎、爱钻研、不耻下问的学习态度。
3. 培养爱家乡、爱祖国的情怀。
4. 培养工匠精神。

项目一
氯化钾基础知识储备

钾肥（MOP）是指一种以钾元素为最主要成分的农用肥料，能增强农作物的抗旱、抗寒、抗病、抗盐、抗倒伏能力，对作物稳产、高产有明显作用。钾肥的主要品种包括氯化钾、硫酸钾、硝酸钾以及硫酸钾镁。其中氯化钾由于其养分浓度高，资源丰富，价格低廉，占所施钾肥数量的95%以上。除此之外，氯化钾还可以用于其他钾盐生产、橡胶、电镀、医药等行业。

全球钾盐生产集中度较高，钾盐生产第一大国加拿大占全球产量的近 30%。根据USGS（美国地质勘探局）的调查显示，2020 年全球钾盐的矿产品产量达到 4300 万吨，其中加拿大是最大的钾盐矿产品生产国，产量为 1400 万吨，占全球产量的 29%，前三大生产国加拿大、白俄罗斯和俄罗斯的产量占比最高，合计占比达到 63%。中国钾盐矿产品产量约 500 万吨，位列第四，占全球 12%。整体而言，我国钾盐产量和储量占比较低，而整体消费却位列前列，导致我国氯化钾进口依赖度常年维持在 50%～60%的水平。由于国内钾资源不足，供给相对紧缺，大量钾肥资源需要从国外进口。

讨论：以上述材料为线索，查阅资料总结钾肥生产原料的来源。

自然界中含钾矿物资源有钾的氯化物、硫酸盐、硝酸盐、碳酸盐及硅酸盐等钾盐矿物，目前能用来提取钾的主要是钾的氯化物和硫酸盐等，按其存在的状态可分为以下几种。

1. 固态性钾盐矿

（1）可溶性钾盐矿　可溶性钾盐主要是含钾的氯化物、硫酸盐和它们的复盐。还有个别的硝酸盐，它们都能溶于水。可溶性钾盐矿有钾食盐（KCl+NaCl）、光卤石（$KCl{\cdot}MgCl_2{\cdot}6H_2O$）、硫酸盐钾矿（主要由 $KCl{\cdot}MgSO_4{\cdot}3H_2O$、$K_2SO_4{\cdot}2MgSO_4$、$K_2SO_4{\cdot}MgSO_4{\cdot}4H_2O_4$ 等矿物组成）和混合矿物四种类型。

（2）不溶性含钾矿物和岩石　指硫酸盐矿物和硅酸盐矿物两类。

2. 液态钾盐

海水、钾盐湖卤水和盐苦卤等液体含钾资源。

3. 工农业含钾副产品和含钾废料

水泥窑灰、高炉灰、海藻、向日葵、烟草茎、草木灰和羊毛洗液等物中均含有一定量的钾。

在以上含钾资源中，以钾石盐矿最为重要。它是由氯化钾和氯化钠组成的混合物，产于盐类沉积矿床中，与主要杂质石膏、岩盐、光卤石和黏土等物质共生。

光卤石是生产氯化钾的重要资源，纯光卤石是钾镁含水的氯化矿物，是由氯化钾和氯化镁组成的稳定复盐。其分子式：$KCl{\cdot}MgCl_2{\cdot}6H_2O$，其中含氯化钾 26.8%、氯化镁 34.3%、结晶水 38.9%。一般呈颗状和致密状结晶，无色透明，斜方晶系，味苦辣，有脂肪光泽，相对密度为 1.6，莫氏硬度为 1～3，在空气中易吸湿潮解，易溶于水。由于矿石中含有大量氯化镁，吸水性极高，易潮解、易结块，本项目讲述的反浮选-冷结晶法生产氯化钾就是以青海省察尔汗矿区的矿产资源经晒卤浓缩后得到主要成分为光卤石的粗卤水为原料。

学习氯化钾的基本性质

氯化钾的物理性质如下。

① 外观：氯化钾是一种白色或暗色的晶体；化学式为 KCl，摩尔质量是 74.55g/mol。

② 密度：1988kg/m^3(30℃)。

③ 熔点：776℃。

④ 摩尔热容：50.877kJ/(kmol·K)。

⑤ 硬度：2.0（矿物）。

⑥ 溶解热（吸热）：18.439kJ/mol（溶于无限多水中）。

⑦ 晶系：属立方晶系，轴角 $\alpha=\beta=\gamma$，轴长 $X=Y=Z$。

⑧ 纯度：纯品氯化钾中氧化钾含量为 63.09%。

⑨ 溶解度：氯化钾在水中的溶解度随温度的升高而增大。

氯化钾在水中的溶解度见表 2-1。

表 2-1 氯化钾在水中的溶解度

温度/℃	0	10	20	30	40	60	80	100
溶解度/(g/100g 水)	27.6	31.0	34.0	37.0	40.0	45.5	51.1	56.7

0℃时每 100g 水中能溶解 27.6g 氯化钾，100℃时为 56.7g。通常可利用溶解度随温度变化的特性，把氯化钾和其他盐类分开，制得高品位的氯化钾。

了解氯化钾的用途及钾肥的市场需求

氯化钾的用途是相当广泛的，氯化钾主要是用作肥料，其次氯化钾可作为制造各种钾盐的化工原料，如氢氧化钾、高锰酸钾、碳酸钾、重铬酸钾、硫酸钾及硝酸钾等。氯化钾是电解氯化镁制取金属镁时的助溶剂。在军事上，氯化钾可作消焰剂；在医药上用作利尿剂，并可代替氯化钠作低钠盐，能起降低血压的作用；在冶金工业上，可用于金属的淬火；在油田上可用作固井剂。此外，在电镀及照相等领域，均需氯化钾。

全球钾盐产品的95%应用于农肥。结合土壤、气候条件和作物种类，按比例施用氮磷钾肥，对提高农作物单位面积的产量是非常重要的。通常按 N∶P_2O_5∶K_2O 来计算化肥中的有效成分含量，目前我国的施肥比例大约是 1∶0.28∶0.1，而同期世界比例是 1∶0.47∶0.4，可见我国的钾肥施用比例明显偏低，这充分说明了我国对钾肥的需求量还很大。

我国是一个农业大国，每年所需的钾肥数量很大，但是，我国钾肥储量资源较为贫乏，除我国每年生产的钾肥外，还需要进口大量的氯化钾。因此，立足本国钾盐资源，因地制宜，寻求好的氯化钾生产方法是很有意义的。我国钾矿以卤水钾矿为主，固体钾盐少，与世界钾盐矿相反，我国卤水钾矿占总量的 98%以上，固体钾盐仅占 2%左右。我国钾资源的开发利用对象主要为卤水钾资源，其绝大部分集中分布在青海省柴达木盆地。

在农业上，钾元素是植物生长过程中所必需的三大元素之一，钾元素对调节植物的生长过程具有很大的作用，它有利于改善植物体内水分的吸收状况，糖类的合成和转移，特别有利于淀粉的积累。使用钾肥能够有效提高农作物的产量和品质。如能促使水稻的谷粒饱满，马铃薯、甘薯的薯块增大，麻的纤维拉力增强，茶叶、烟草的品质提高，甘蔗、菠萝以及柑类果树的味道鲜甜等。为此，要对这类作物施用足够的钾肥。钾还可以促进农作物茎根健壮，不易倒伏，增强作物的抗旱、抗寒、抗病能力。与磷相比，土壤中含钾量比较丰富，但其中能被植物所吸收的钾较少。作物中的钾能够促使所吸收的氮很好地转化为蛋白质。因此，随着氮肥、磷肥施用量的增加，钾肥的施用量也需相应地增加。

随着现代工农业科学技术的迅速发展，大力生产氯化钾，具有非常重要的意义。

氯化钾的工业质量标准：现在氯化钾的质量标准执行 GB 6549—2011，其外观为白色或暗白色的细小结晶。

化学指标见表 2-2。

表 2-2 化学指标

项目		指标					
		Ⅰ类			Ⅱ类		
		优等品	一等品	合格品	优等品	一等品	合格品
氧化钾（K_2O）的质量分数/%	≥	62.0	60.0	58.0	60.0	57.0	55.0
水分（H_2O）的质量分数/%	≤	2.0	2.0	2.0	2.0	4.0	6.0
钙镁总量（Ca^{2+}+Mg^{2+}）的质量分数/%	≤	0.3	0.5	1.2	—	—	—
氯化钠（NaCl）的质量分数/%	≤	1.2	2.0	4.0	—	—	—
水不溶物的质量分数/%	≤	0.1	0.3	0.5	—	—	—

注：1. 除水分外，各组分含量均以干基计算。

2. Ⅰ类中钙镁合量、氯化钠及水不溶物的质量分数作为工业用氯化钾推荐性指标，农业用不限量。

任务三 储备光卤石基础知识

一、认识察尔汗矿区

利用察尔汗盐湖资源生产氯化钾是我国钾肥生产最主要的方法。号称“世界屋脊”的青藏高原位于亚洲东部，其绝大部分在我国境内，约占我国领土的 1/4，它是我国盐湖最密集的地区，也是世界上盐湖最多的高原。

青海省盐湖资源主要集中在有“聚宝盆”美称的柴达木盆地。察尔汗盐湖位于柴达木盆地中南部。海拔 2670m，南距格尔木约 60km，北距大柴旦 110 多公里（1 公里=1km）。南北宽 40 多公里，东西长 140 多公里，总面积约为 5856 平方公里。它是柴达木四大盐湖中面积最大、储量最丰富的一个，也是我国最大的天然盐湖，在世界排名第二。

察尔汗盐湖属于典型的大陆性干旱气候，具有年降水量稀少、蒸发量大、日照时间长、辐射力强、昼夜温差大、多风的特点。由于长期的风吹日晒，加之降水量大大低于蒸发量，湖内高浓度的卤水逐渐被结晶成盐粒，尤其是盐湖面被结成 2m 乃至 3～4m 厚的盐盖，而且异常坚硬。这些构成了地区自然条件恶劣，生态环境脆弱的特征。

其主要气象指标见表 2-3。

表 2-3　主要气象指标

年平均气温	5.1℃	年平均地面温度	9.2℃
年平均蒸发量	3518.5mm	年平均降水量	23.4mm
年平均相对湿度	30%	年平均风速	4.4m/s
年平均日照时数	3274h	年主导风向	西风
年平均大气压	73.326kPa	年平均大气含氧量	14.56%

二、光卤石的认识

察尔汗矿区生产氯化钾是利用盐湖晶间卤水生产氯化钾，大致可分为两类：一类是氯化物类型，属 K^+、Na^+、Mg^{2+}//Cl^--H_2O 四元体系，另一类则属于硫酸盐类型，即典型的 K^+、Na^+、Mg^{2+}//Cl^-、SO_4^{2-}-H_2O 五元体系。两类型的卤水都有光卤石相区存在，都可以通过一系列蒸发水分的过程来得到中间产品含钠光卤石，进而加工成氯化钾。在两类型卤水的蒸发过程中，氯化钠始终和其他固体共同析出，得到的中间产物光卤石实际上就是纯光卤石和氯化钠的混合物。

光卤石的分子式为：$KCl \cdot MgCl_2 \cdot 6H_2O$，一种能稳定存在于很大温度范围内（−21～167.65℃）的复盐。

课堂互动

在某节课堂上，小明和小红两位同学在谈论如何从 KCl、$MgCl_2$、NaCl 的混合物中将 KCl 分离出来。老师给出提示，主要是除 Mg^{2+}和除 Na^+的过程，将需要分离的物质转化成不同的状态才能进行更好地分离。根据老师的提示，两位同学似乎若有所思。

讨论：利用什么原理可以将需要分离的物质转化成不同的状态？

不同温度下 NaCl、KCl、$MgCl_2$ 的溶解度见表 2-4。

表 2-4　不同温度下 NaCl、KCl、$MgCl_2$ 的溶解度

温度/℃		0	10	20	30	40	60	80	100
溶解度/（g/100g）	NaCl	35.60	35.70	35.80	36.10	36.30	37.10	38.10	39.20
	KCl	28.20	31.30	34.40	37.30	40.30	45.60	51.00	56.20
	$MgCl_2$	52.80	53.50	54.30	55.30	57.50	60.70	65.87	72.70

注：100g 水中所溶解的该无水物质的质量。

从表中可知，氯化镁在10℃低温下的溶解度为53.50%，在100℃的热水中为72.70%，而氯化钠在同温度下的冷水中为35.70%，在同温度下的热水中为39.20%；氯化钾在同温度下的冷水中为31.30%，在同温度下的热水中为56.20%。可见，在常温下，光卤石中氯化镁的溶解度随着温度升高而增大，且比氯化钠、氯化钾在同温度下的溶解度都大得多，氯化钠和氯化钾在冷水中的溶解度相近，在温度升高时氯化钾的溶解度急剧增加，氯化钠的溶解度则增加甚微，工业上便据此将它们分离。

因此，加工光卤石的原理基于以下两点：

① KCl比$MgCl_2$的溶解度小得多；

② 饱和光卤石的溶液中$MgCl_2$/KCl（摩尔比）值远大于1。

任务四
了解反浮选-冷结晶法生产氯化钾工艺

反浮选-冷结晶法生产氯化钾的整个工艺流程为反浮选-冷结晶工艺。该工艺是目前国内外较为先进的氯化钾生产工艺，反浮选-冷结晶工艺主要分为：

① 反浮选除去光卤石中的部分氯化钠，得到低钠光卤石；

② 低钠光卤石再经冷分解结晶得到粗钾，粗钾经洗涤得到氯化钾成品。

工艺流程简图如图2-1所示。

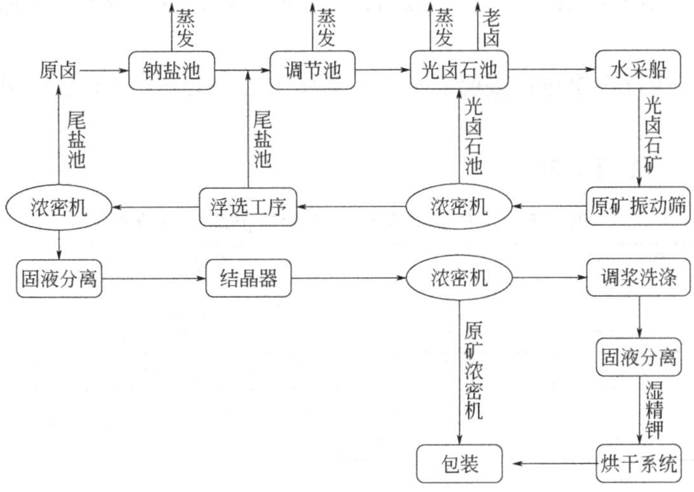

图2-1　反浮选-冷结晶法生产氯化钾工艺流程简图

项目二 认识原矿采收及处理工段

任务一 认识本工段岗位任务及职责

岗位任务：本岗位是将盐田中沉积的光卤石采出输送到加工厂进行氯化钾生产。光卤石池中含钾卤水经蒸发、晒制、结晶形成了沉积在水下面一定厚度的光卤石物料，利用水采船切割头集料系统将光卤石物料收集到初级泵入口，初级泵通过浮管将矿浆（光卤石和卤水的混合物）吸送到锚船的矿浆罐，然后经增压泵增压，通过水采船及岸上的矿浆管线以矿浆的形式输送到加工厂进行氯化钾生产。

光卤石采收系统包括：水采船、锚船、工作船、浮管系统及岸基加压泵站和岸基矿浆管线等。

岗位设置：岗位设置包括采船船长、采船操作工、工作船操作工、泵站工段长、泵站运行工。

岗位职责一览见表 2-5。

表 2-5　原矿采收及处理工段岗位职责一览表

岗位名称	作业形式	岗位职责
采船船长	正常班	负责水采船的安全生产运行，人员组织、管理及设备的巡检保养工作
采船操作工	三班运行	熟练掌握水采船的运行操作，及负责采船设备的定期维护、保养工作
工作船操作工	三班运行	负责熟练掌握工作船的运行操作及工作船设备的定期维护、保养工作
泵站工段长	正常班	负责泵检工段人员的组织、管理及设备车间各种泵的维修、维护、保养工作
泵站运行工	三班运行	熟练操作中心泵站加压系统，提高矿浆流量

任务二 认识本工段核心设备

一、水采船

水采船（图 2-2）是光卤石生产氯化钾过程中，采集沉积水面下矿物，并以矿浆形式进行输送的设备，属于大型采矿机械。目前国内外主要有：无自航能力，以绞吸头、双定位桩、抛锚钢缆牵引、扇面运动采集；有自航能力单切割头螺旋采集和国产的有自航能力双切割头螺旋采集等几种主要形式的机械设备。

图 2-2　水采船

水采船主甲板上安装有一间操作室，其中国产水采船有前后两个操作室，一间电气室，一座户外变压器站和一套液压站，船舱内安装一台渣浆泵（初级泵）及配套电机。在初级泵入口配有两条管道分别连接至水采船前后端的切割头，两条管线浆近入口端各安装有一台液动阀门，初级泵出口管线上也安装一台液动阀门，分别称为初级泵入口阀和初级泵出口阀，泵入口处安装有沉石阀，在水采船船体两侧船舷悬挂有 4 条履带系统。进口水采船船头只有一套切割头系统，国产水采船船头船尾各一套切割头系统。

在盐田作业时，水采船的行走是由四条履带驱动的。行进过程中，切割头系统的螺旋将池板上的光卤石连续集聚到中部吸入口，集聚的光卤石与卤水形成矿浆被初级泵吸起，经由浮管系统输送到增压泵，并由增压泵和岸基增压泵加压通过矿浆管线输送至加工厂。水采船可手动和自动控制。手动控制时，操作人员可根据生产调度需要，依据监控值，手动调节初级泵转速、行走速度和切割头深度；自动控制时由控制系统自主去完成上述工作。

水采船的最大行走速度为 7m/min，作业时速度可调节。

国产Ⅱ代水采船钢制船体（图 2-3）主要技术参数如下。

外形尺寸：长×宽×高（船舷）=36m×9m×1.9m。

吃水深度：0.6～0.7m。

净重：133.5t。

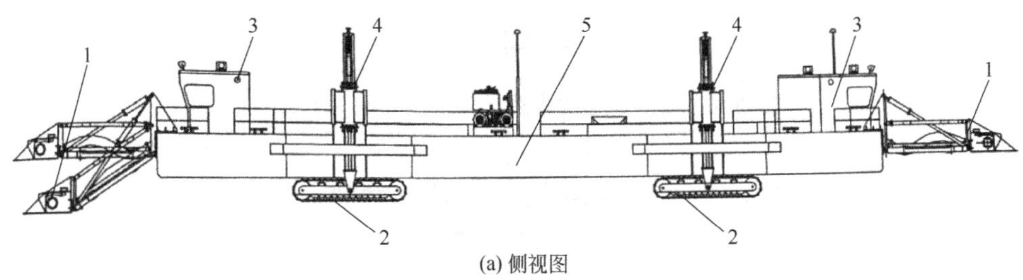

(a) 侧视图

图 2-3

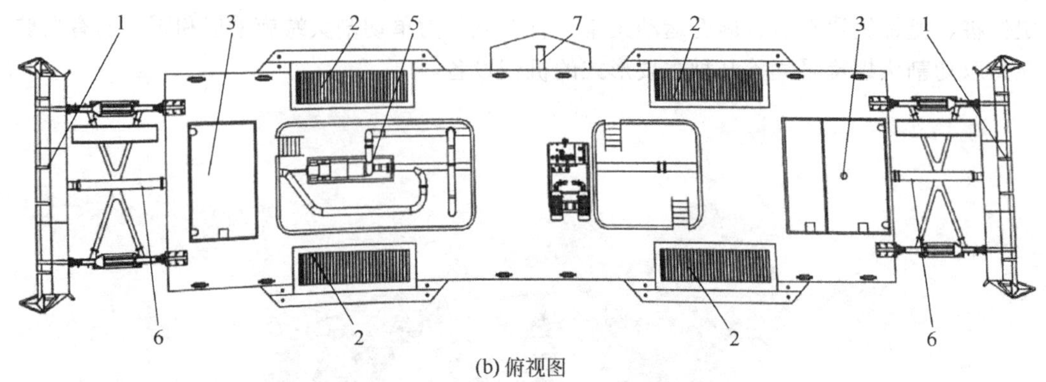

(b) 俯视图

图 2-3 国产Ⅱ代水采船船体结构图

1—切割头；2—履带行走装置；3—操作室；4—液压升降装置；
5—初级泵（渣浆泵）；6—矿浆泵（负压软管）；
7—浮管连接接口

二、锚船

锚船是水采船的辅助配套设备。由甲板上安装的一间电气室（安装有电气系统、控制系统和 GPS 导航系统），一座户外变压器和一套液压站，船舱内安装的一台矿浆增压泵及配套电机（在国产Ⅱ代水采船上还设有一个矿浆泵罐），在锚船船体两侧船舷悬挂的两条履带等主要设备构成。

锚船设在水采船与岸基浮管接口的中部，增压泵的进出口两端与浮管系统相连。锚船除了通过增压泵再次加压实现矿浆远距离输送外，还有为适应水采船工作而自行调整浮管位置的功能。

锚船的行走由两条履带驱动，履带的结构与水采船的相同，锚船的船体大小为水采船的二分之一。

国产Ⅱ代锚船钢制船体（如图 2-4 所示）主要技术参数如下。

外形尺寸：长×宽×高（船舷）=18m×9m×1.9m。

吃水深度：0.3～0.35m。

净重：66.75t。

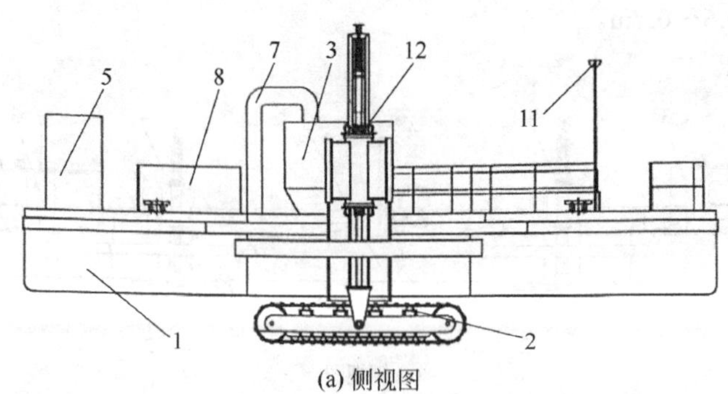

(a) 侧视图

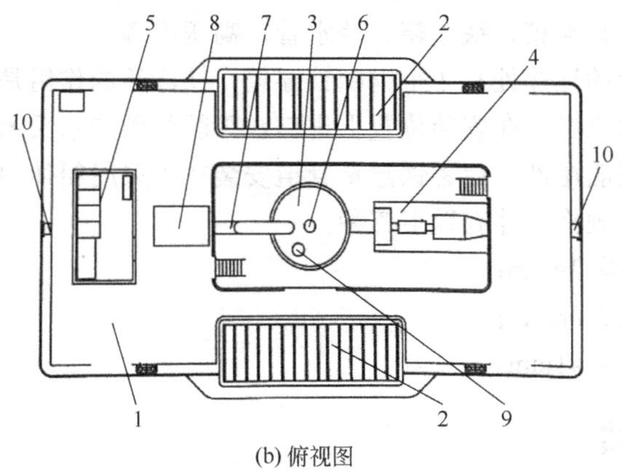

(b) 俯视图

图 2-4 国产Ⅱ代锚船船体结构图

1—可移动增压锚船；2—履带行走装置；3—矿浆缓冲罐；4—增压泵；5—电气控制室；6—矿浆罐底部出口管（与增压泵入口相连）；7—矿浆罐入口管（与初级泵出口、浮管相连）；8—变压器；9—溢流管（直通船底）；10—浮管接口；11—视频监控装置；12—液压升降装置

三、工作船

工作船（图 2-5）主要用于推移水采船、浮管，接送人员，巡检锚船和管线等工作，每只工作船配置两台大功率船用柴油发动机。

图 2-5 工作船

工作船主要技术参数如下。

外形尺寸：长×宽×高（船舷）=13m×3.3m×1.4m。

吃水深度：0.6m。

排水吨位：16t。

全高（包含操作室）：3.7m。

驱动功率：360kW。

在舱内安装两台 180kW 六缸风冷式柴油发动机提供动力，采用喷泵操控工作船的运动，方向舵板的操纵采用液压驱动。

四、浮管系统

每条水采船的浮管总长 2km，分别在水采船-锚船、锚船-岸基两端。浮管系统除主矿浆管外，还包括塑料浮箱、铁浮箱、淡水管、高压电缆。

在水采船与浮管的连接处有3个钢制铁浮箱，铁浮箱的作用是减少浮管与船体的摩擦，减小浮管的弯曲弧度。在安装位置上进口水采船与国产水采船是不相同的，前者铁浮箱管道安装在水采船尾部，后者铁浮箱管道安装在水采船船体中间。

水采船用矿浆管规格尺寸有以下三种：

DN 350mm，壁厚 39mm；

DN 500mm，壁厚 46mm；

DN 450mm，壁厚 41mm。

五、岸基增压泵站

水采船采输光卤石作业时，距离加工厂较近的水采船采集矿浆后，由锚船增压泵进行加压后，以矿浆形式，经矿浆管道输送到加工厂。

由于盐田布置位置不同，到加工厂的矿浆输送管路距离不同，矿浆输送系统所要求的渣浆泵总扬程有时超过单级泵所能打到的最高扬程，根据矿浆输送量及输送距离的要求，部分水采船还需串联一台或多台岸基增压泵进行多级加压，确保输送矿浆的压力流量，来保证矿浆输送的连续性、安全性。

根据盐田的距离不同，最远的水采船在岸基管线上都已经实现了三级加压，经过前期的科学设计和后期使用过程中工作经验的积累，可以很好地控制多级泵的运行。

任务三 了解本工段危险源辨识及风险管控措施

危险源辨识及风险管控措施见表2-6。

表 2-6　危险源辨识及风险管控措施

序号	风险名称	可能发生的事故	风险管控措施
1	作业准备不充分	机械伤害、触电、淹溺、其他伤害	① 禁止酒后上岗； ② 正确穿戴劳动防护用品； ③ 交接时必须交接岗位安全情况
2	水采船开、停机未安全确认	机械伤害、触电、淹溺、其他伤害	① 开机前检查设备是否具备开机条件； ② 开、停机前及时与现场人员、锚船人员、泵站人员联系确认安全； ③ 开、停机前检查现场设备、安全设施和安全附件，确认安全； ④ 开、停机前汇报值班长
3	巡检保养不规范	机械伤害、触电、淹溺、其他伤害	① 巡检时与运转中的设备保持安全距离； ② 工作中做到“三紧”，女职工将长发盘起； ③ 严禁奔跑作业，上下扶梯要扶好站稳； ④ 严禁单人水上作业，水上作业必须穿救生衣； ⑤ 作业场所严禁嬉笑打闹； ⑥ 严禁在配电室内堆放杂物
4	恶劣天气作业	淹溺、其他伤害	① 恶劣天气员工之间要加强监护； ② 大风天气无特殊情况，工作船严禁外出作业

续表

序号	风险名称	可能发生的事故	风险管控措施
5	工作船开、停机不规范	机械伤害、火灾、淹溺、其他伤害	① 启动前检查油液、油温、发动机有无漏油情况； ② 作业前保持通信畅通，正确穿戴救生衣； ③ 发动机启动后及时开启天窗； ④ 当底仓柴油味很重时，禁止启动发动机，应仔细检查柴油漏点，故障排除后方可启动； ⑤ 将工作船停放在不影响水采船作业的位置，绑好工作船
6	工作船作业不安全	机械伤害、火灾、淹溺、其他伤害	① 工作船工作时应及时告知乘客扶稳坐好，并轻柔靠船； ② 上下工作船及水采船时应扶稳站好，注意脚下； ③ 经常冲洗工作船喷泵，防止工作船操作失控； ④ 严禁加燃油时在工作船油箱附近吸烟或动火
7	清扫不规范	物体打击、触电、机械伤害、其他伤害	① 清扫现场时和其他运转设备保持安全距离； ② 设备停稳后才能清理盐块或异物； ③ 及时清扫积矿、油污等； ④ 禁止冲洗带电设备，做好设备防水措施
8	安全设施失效或不全	机械伤害、触电、其他伤害	① 保证设备运动部位防护措施完好有效； ② 船体四周防护栏及防护链、扶梯防护栏及踏板、切割头人行踏板完好，无破损、开焊、松动现象； ③ 水采船甲板通道畅通，无杂物、无坑洞； ④ 警示标识张贴合理、醒目； ⑤ 消防设施、器材齐全、有效，巡检记录齐全； ⑥ 重点危险部位的监控器正常
9	误食卤水	淹溺、中毒、卤水反光	① 水上作业必须穿救生衣； ② 保护作业场所防护栏、防护链完好，防止人员落水； ③ 管道、软连接、泵等设备无漏水现象； ④ 涉及卤水的场所和设备旁，竖立“卤水有毒”警示标识； ⑤ 对所有员工、外用工及临时入厂的人员进行“卤水有毒”的危害告知； ⑥ 采收作业时，佩戴防护眼镜，不宜长时间注视水面； ⑦ 水上作业时禁止单人作业
10	放射源丢失	职业危害	① 防护箱完好，门锁牢靠； ② 警示标识完好； ③ 每日对放射源进行巡检； ④ 车间定期对放射源进行辐射检查； ⑤ 公司定期组织第三方进行专业检测； ⑥ 定期对公司放射源检测人员进行培训

实训任务：请同学结合危险源辨识及风险管控措施的学习，总结自己的学习心得。

任务四　学习本工段工艺流程

光卤石采收系统工艺流程见图 2-6。

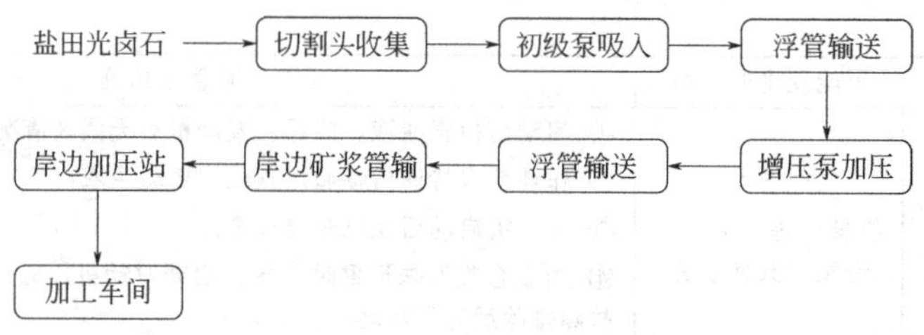

图 2-6　光卤石采收系统工艺流程图

实训任务：请学生们进行小组讨论，用自己的话叙述光卤石采收系统工艺流程。

国产Ⅱ代水采船采收系统工艺流程见图 2-7。

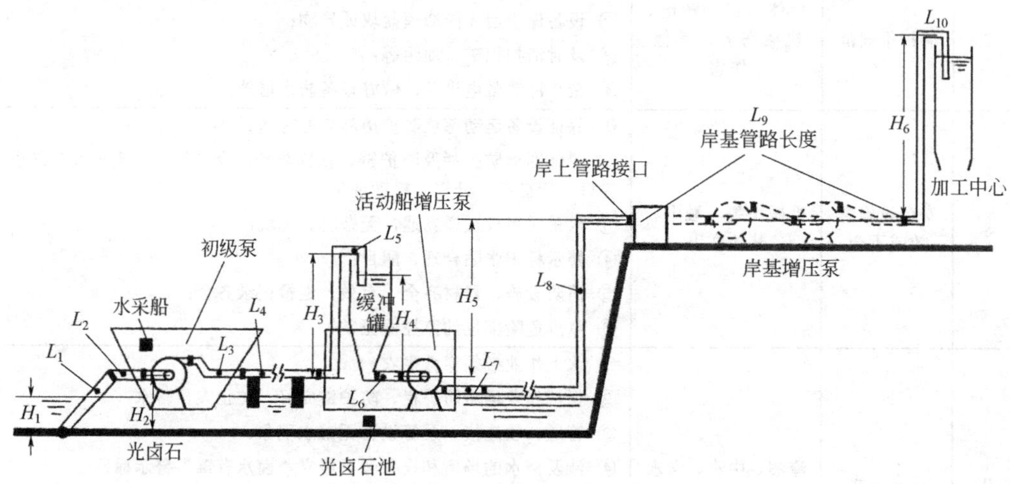

图 2-7　国产Ⅱ代水采船采收系统工艺流程图

项目三 认识光卤石加工工段

任务一 认识本工段岗位设置及岗位职责

岗位任务：光卤石加工工段是将采收工段输送来的原料光卤石通过浓密机，经浓缩后输送到浮选生产工序进行除钠，浮选后的低钠光卤石矿浆经浓缩后进行固液分离，把固相低钠光卤石送至冷结晶工序，将低钠光卤石矿浆进行分解、结晶得到高品位的氯化钾。

岗位设置及职责见表 2-7。

表 2-7　岗位设置及职责

序号	岗位	职责
1	主任	① 全面负责本车间的生产及行政管理工作，确保完成年度生产任务； ② 负责组织制定车间的各项规章制度和管理办法； ③ 负责组织车间的技术改进，促进生产安稳进行； ④ 负责组织监管车间民管委工作，确保员工工资二次分配透明度，充分调动员工的积极性
2	副主任	① 在公司党政和车间主任领导下，负责分管车间生产工艺、设备、安全生产等工作； ② 协助车间主任合理有序地组织生产作业，并按时、保质、保量地完成任务； ③ 对生产过程中发生的各种问题进行及时果断处理； ④ 组织召开车间生产例会、安全例会、事故调查分析会
3	生产运行工段长	① 加强班组建设，做好员工的考核； ② 切实做好工段产品的成本控制，保质保量完成生产任务； ③ 做好工段生产运行记录； ④ 负责工段的导师带徒及业务培训工作
4	浓密机操作工	① 负责本岗位设备启、停，巡检等工作，发现异常及时上报； ② 在生产过程中做好与上下工序的衔接工作，确保产品质量； ③ 配合车间做好急、难、险、重临时性抢修工作
5	浮选操作工	① 负责本岗位设备启、停，巡检等工作，发现异常及时上报； ② 在生产过程中做好与上下工序的衔接工作，确保产品质量； ③ 配合车间做好急、难、险、重临时性抢修工作
6	带机操作工	① 负责本岗位设备启、停，巡检等工作，发现异常及时上报； ② 在生产过程中做好与上下工序的衔接工作，确保产品质量； ③ 配合车间做好急、难、险、重临时性抢修工作

续表

序号	岗位	职责
7	结晶器操作工	① 负责本岗位设备启、停，巡检等工作，发现异常及时上报； ② 在生产过程中做好与上下工序的衔接工作，确保产品质量； ③ 配合车间做好急、难、险、重临时性抢修工作
8	离心机操作工	① 本岗位设备启、停，巡检等工作，发现异常及时上报； ② 在生产过程中做好与上下工序的衔接工作，确保产品质量； ③ 配合车间做好急、难、险、重临时性抢修工作
9	工艺控制工段长	① 严格按工艺参数进行对标生产，保证产品质量和产量的连续稳定性； ② 负责本工段员工考核、教育等工作； ③ 严格做好各岗位及车间协调工作； ④ 负责工段的导师带徒及业务培训工作
10	工艺控制技术员	① 严格按工艺参数进行对标生产，保证产品质量和产量的连续稳定性； ② 做好各岗位及车间协调工作

任务二 学习各岗位操作技术

一、加工系统主控室岗位

1. 生产前准备

上岗必须按规定着装，正确使用劳动防护用品，认真巡查所有设备是否完好，发现异常情况及时报告、处理。严格遵守各项规章制度，对本岗位的安全生产负直接责任。

2. 操作注意事项

（1）必须穿戴好劳动防护用品，上班必须集中精力，注意安全生产。

（2）熟悉掌握各设备安全操作规程、各设备运行参数和工艺参数，杜绝“三违”，搞好指挥协调工作。

（3）时刻注意观察生产运行状况，及时传达有关信息指令，保持与各岗位之间的联系，正确做好生产等相关的原始记录。

（4）主控室电脑严禁安装与生产无关的软件程序。

（5）及时巡查设备运行状态，相互配合，发现问题及时处理，严禁非操作人员和现场无人运行设备。

（6）接到岗位生产通知后，务必认真核对，确认后开机，避免出现错误。

（7）故障停机检修时，严格执行设备检修工作票制度，遵守“谁通知停机，谁通知开机”的规定，未查明原因，未确认故障是否排除，不准开机。

（8）在指挥工作时要思路清晰，传达指令要简明、扼要，不得出现误操作和违章指挥现象，有权制止和拒绝违章指挥。

（9）认真做好与总调、有关车间电话联络，有关安全生产的指令和事故报告等随时做好记录。

3. 开车顺序

（1）启动直线等厚筛。

（2）开启原矿浓密机。

（3）水采船打矿。

（4）启动低钠浓密机。

（5）启动浮选机。

（6）启动相关皮带。

（7）启动脱卤设备。

（8）启动结晶器。

（9）启动循环母液泵。

（10）启动振动筛。

（11）启动粗钾浓密机。

（12）启动结晶器底流泵。

（13）启动精钾高位缓冲槽搅拌。

（14）启动脱卤设备。

（15）启动调浆洗涤搅拌。

（16）启动干燥系统。

（17）启动相关皮带机。

（18）启动精钾离心机。

（19）启动包装系统。

4. 停车顺序

停车时要注意将各子系统物料处理完毕，分步骤有序停车，以免开车压槽，停车程序是从水采船开始，由前到后，根据各子系统的物料处理情况，排空一个停车一个，最后停淡水、污水、干燥包装系统。

二、加工系统浓密机岗位操作

1. 生产前准备

（1）检查设备防护设施是否齐全。

（2）检查润滑情况。

（3）检查驱动控制装置的报警和驱动装置停机功能。检查提升装置的启动功能。

（4）检验底流泵、控制盘、门、电动机和其他设备部件。确保底流泵和锥底间的卸料管道已提供了冲洗的高压输水管道，管道应配备阀门以便控制。

（5）检查防护装置，或有杂物、工具、漏油、矿浆、冰等易产生事故的区域。检查人行道、平台、扶手、阶梯等。

（6）确保底流泵和锥底间输水管道阀门关闭。

（7）确保耙架移动自如，保证装备安全移动。

2. 操作注意事项

（1）即将达到要求的底流浓度时，要注意全部底流将进入下一个工序。

（2）及时与主控室联系，不要让驱动装置荷载达到因超载而停机的转矩。

（3）可以使用提升装置控制转矩增大，方法就是提升耙架。如果机械装置已经到最大提升高度，转矩仍在增加，则给料速度必须减小或中止给料，同时增加底流，以防止转矩超负荷而使装置停机。

3. 开车顺序

（1）启动驱动机械装置。

（2）浓密机进料。

（3）开启底流泵。

（4）启动中心搅拌。当浓密池进料时，持续的循环底流返回给料增加底流的浓缩固体，当达到最终的底流浓度时，循环中止，全部底流进入下一个工序。

4. 停车顺序

正常情况下，先停止给料，尽量排尽池内矿浆，并用母液或淡水清洗管道后，方可停车。

三、加工系统浮选岗位操作

1. 生产前准备

上岗必须按规定着装，正确使用劳动防护用品，认真巡查本岗位所属设备是否完好，发现异常情况及时报告、处理。严格遵守各项规章制度，操作人员对本岗位的安全生产负直接责任。

2. 操作注意事项

（1）设备开机前应查看各紧固件是否紧固。

（2）设备各润滑部分润滑是否良好。

（3）查看电机转向与要求是否一致。

（4）定期对设备进行声音、润滑、温度等各方面的检查。

（5）每小时巡检一次，发现有异常现象应及时向工段长或值班主任反映，采取措施以防事态扩大。

3. 开机顺序

（1）原矿浓密机运行。

（2）启动调浆搅拌。

（3）加药剂（按制度进行浮选进料时加入浮选药剂）。

（4）启动粗选浮选机。

（5）启动扫选浮选机。

（6）开启尾盐泵。

4. 停机顺序

岗位停机顺序与岗位开机顺序刚好相反。

（1）停止进料。

（2）停止加药剂。

（3）关闭粗选浮选机。

（4）关闭扫选浮选机。

（5）关闭调浆搅拌。

（6）关闭尾盐泵。

四、加工系统低钠（粗钾）带机岗位操作

1. 生产前准备

上岗必须按规定着装，正确使用劳动防护用品，认真巡查本岗位所属设备是否完好，发现异常情况及时报告、处理。严格遵守各项规章制度，操作人员对本岗位的安全生产负直接责任。

2. 操作注意事项

（1）确保所有的润滑点按照关于带机和辅助设备的要求完成。

（2）接通清洗滤布水管、脱水胶带润滑水和做好密封，检查喷水的位置及形状，喷水必须均匀重叠。

（3）检查滤布松紧以及是否跑偏。

（4）打开带机给料门，检查带机给料是否均匀分布。

（5）检查洗涤水是否分布均匀。

（6）检查脱水胶带运行是否处于平直状态及胶带的松紧。检查带边密封度及后部给料密封是否符合要求。

（7）为了控制滤饼的厚度、水分、卸料量及产品的其他要求，可根据实际情况需要对带机速度、给料量进行调节。

（8）在一个较长时间内使真空度保持一定值条件下进行运转，真空度均匀下降的原因可能是大气短路进入真空盘（气垫盘），这可能是盘与脱水胶带配合不好，或者是盘位置过高引起的，此时应请有关技术人员进行检查。

3. 开机顺序

（1）水平带机空气支承系统鼓风机在带机启动之前先行开动。

（2）检查脱水胶带，以保证其顺利地运转。

（3）对带机和辅助设备保证已进行全面润滑。

（4）打开滤布、托辊、角带及滚筒的润滑水和冲洗水，开通气垫箱系统和喷雾系统。

（5）开启按钮平稳地启动过滤机，使滤带转动自如。

（6）为了控制滤饼的厚度、水分、卸料量及产品的其他要求，可根据实际情况需要对带机速度、给料量、滤饼冲洗水进行调节。

4. 停机顺序

（1）停止给料。

（2）当最后一块滤饼卸落后，停真空泵。

（3）把冲洗水开到最大，冲洗给料斗。

（4）开动带机，要让滤布至少转 5 圈，直至滤布完全洗净为止。

（5）停止带机驱动电机。

（6）关闭清洗水和润滑水系统以及空气系统。

五、加工系统结晶器岗位操作

1. 生产前准备

上岗必须按规定着装，正确使用劳动防护用品，认真巡查本岗位所属设备和放射源

是否完好，发现异常情况及时报告、处理。严格遵守各项规章制度，操作人员对本岗位的安全生产负直接责任。

2. 操作注意事项

（1）检修结晶器各个部件连接情况，并进行及时紧固。检查润滑部件、机械传动部分是否有足够的润滑油，有无漏油现象，每小时巡回检查一次，并做好记录。

（2）结晶器相对密度（比重）应每小时测定一次。

① 测定时应在结晶器分解区取母液将测量筒洗 2～3 次。

② 用测量筒在结晶器分解区取液体，去其表面泡沫，并将液体沉淀约 5min。

③ 放比重计入测量筒内进行测量。

④ 记录并汇报结晶器的相对密度（比重）。

（3）结晶器岗位关键设备操作规程：

① 启动前须检查设备、电机的情况如何。

② 启动要求先低速后达到规定的转速。

③ 操作人员对设备要进行巡检，同时对设备的温度、声音、润滑等情况做详细记录。

④ 发现有异常现象，应及时采取措施，以防事态扩大。

3. 开机顺序

（1）开机进矿前应先往结晶器内注满母液水，如无母液水则启动淡水泵，给结晶器注入 2/3 淡水后再进矿，然后开启细晶循环泵。

（2）待结晶器相对密度正常时开直线振动筛。

（3）启动粗钾浓密机。

（4）启动结晶器底流泵。

4. 停机顺序

（1）停止结晶器进矿。

（2）关闭结晶器底流泵。

（3）关闭循环母液泵。

（4）关闭淡水泵，停机后将结晶器底流泵管道放空，以免管道堵塞。

六、加工系统离心机岗位操作

1. 生产前准备

（1）所有管道及容器是否已清洗干净，确认转鼓内无任何残留。

（2）检查三角皮带张紧程度是否合适。

（3）检查液压油是否达到液位计 2/3 处。

（4）检查转子旋转方向是否正确。

（5）检查电器电流是否安全可靠。

（6）检查油位高度，油温是否≤65℃。

（7）检查润滑分配器往轴承供油情况。

（8）检查是否有任何泄漏情况。

（9）检查是否有异常噪声。

（10）检查主电机工作，主电机工作电流不能超过最大值。

2. 操作注意事项

（1）开机前检查确认无误后启动油泵，出现回油并切换后点动离心机主机，确认电机转动后正式启动主机。

（2）检查密封水与洗涤水供给是否正常。

（3）主机切换后开始缓慢进料，同时观察设备运行电流变化情况与振动情况，设备运行有无异响。

（4）离心机正常运行时，每 3h 对离心机筛网进行一次冲洗。

（5）经常和上、下工序取得联系，反映矿量大小及浓度变化情况。

（6）停机时，停止进料并冲洗筛网，离心机主机运行电流降到空机运转电流后停机，等主机完全停机后停止油泵，关闭洗涤水、密封水。

（7）故障停机时，立即切断进料，及时用淡水冲洗筛网、转鼓上的残余积矿，清理干净后等待检修。

（8）因冲洗水、机封水无法供给停机，立即停止进料并强制关闭离心机主机，冲洗筛网、转鼓上的残余积矿，清理干净后等待二次开机。

（9）突然停电等紧急情况下停机时，先停止进矿，关闭进料阀门并及时通知主控室及上、下工序，待系统恢复正常后，冲洗筛网、转鼓上的残余积矿，检查完好后重新开机。

（10）按设备巡检制度定期巡检并记录。

3. 开机顺序

（1）启动母液泵。

（2）进入离心机母液汇集槽。

（3）进入高位给料槽。

（4）启动精钾浓密机。

（5）启动皮带机。

（6）启动离心机。

4. 停机顺序

（1）停离心机。

（2）关闭皮带机。

（3）关闭精钾浓密机。

（4）关闭高位给料槽。

（5）关闭离心机母液汇集槽。

（6）关闭母液泵。

任务三　认识本工段核心设备

一、浓密机

浓密机见图 2-8。

扫描二维码观看浓密机实际工作视频

图 2-8　浓密机

1. 浓密机的分类

浓密机作为重力作用的沉淀浓缩设备，根据传动方式的不同分为中心式传动和周边式传动两种。

（1）周边式传动浓密机　周边式传动浓密机在环形池子的中央有钢柱，借助于特殊的平面滚珠轴承，把挂着耙子的桁架支承在钢柱上，桁架的外端坐落在轨道支承轮的支座上，如图 2-9 所示。

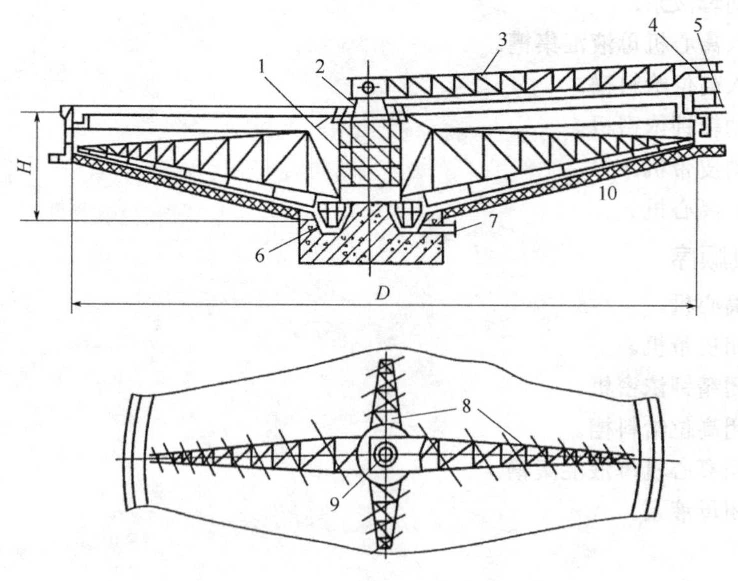

图 2-9　周边式传动浓密机结构简图

1—中心筒；2—重心支承部；3—传动架（耙架）；4—传动机构；5—溢流口；6—副耙；7—排料口；8—耙架；9—给料口；10—槽体

在桁架的平台上设有传动装置，由电动机通过减速机，支承轮沿环池轨道行走。为了给电动机供电，采用了集电装置，集电装置就是在中央钢柱上装有互相绝缘的滑环；而沿滑环滑动的电刷则安装在桁架上，并由敷设在桁架的电源引入线把它和电动机的接头线连接起来，为了保持良好的通电效果和保持电刷与滑环的紧密接触，电刷架上装有弹簧。减速机上的齿轮带动桁架上的行走齿轮，使之在周边齿条上行走，承轮主要用来支承桁架的重量。

（2）中心式传动浓密机　中心式传动浓密机由槽体、耙架、传动装置、耙架提升装置、给料装置、卸料装置等构成，如图 2-10 所示。

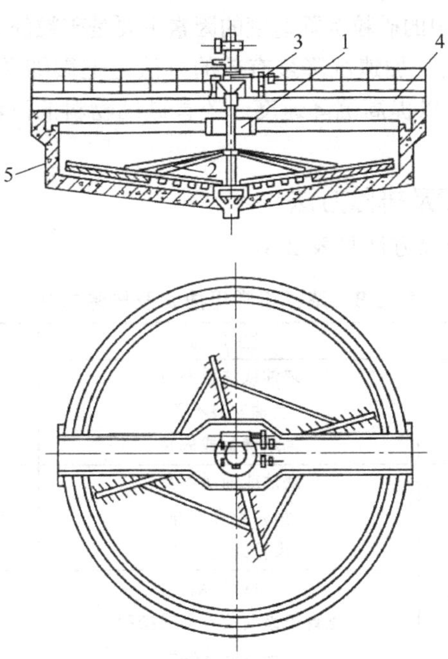

图 2-10　中心式传动浓密机结构简图

1—给料装置；2—耙架；3—传动装置、耙架提升装置；4—支承体；5—槽体

圆柱形耙架提升装置用水泥或者钢板做成，池底是平的或略带圆锥形，在池壁的上部有排除溢流的环形槽，需要浓缩的矿浆沿着桁架上的给料槽流入池中的受料筒，受料筒下部浸没在浓缩池澄清面之下，在浓缩池的正中央安有一根竖轴，轴的末端固定有一十字形耙架，耙架下面装有刮板，耙架与水平成 15°～80° 夹角。竖轴由电机经蜗杆减速器传动，减速器传动浓缩的物料被耙架刮板刮入池中心的卸料斗排出。澄清溢流水从池上部溢流槽流出，在浓密机过负荷工作时，为防止十字形耙架被扭弯，耙架提升装置可以调节耙架的高度，并且还装有过载信号。

2. 浓密机的使用和维护

用于精矿浓缩连续作业的浓密机是精矿脱水车间的主要设备之一，为了保证浓密机的正常工作，应当保证给料连续且均匀，当矿过于浓、量过于大时，精矿沉淀就会厚而引起机器过负荷，所以要保持一定的浓度和厚度（沉淀物）。浓密机在维修或运转中因故障停机以后，再启动时，应先进行盘车，若中途停车时间过长或间断工作的过滤作业又没开机时，为了防止因精矿沉淀过厚引起过负荷而损坏机器，则应排放出部分矿，直到盘车顺利时再行启动。

3. 浓密机的常见故障发生原因与排除方法

对于运转中的浓密机，应按照规程要求，经常检查减速箱和各部位轴承的润滑和温升情况，避免轴承超温（滑动轴承超过 60℃，滚动轴承超过 70℃）；检查齿轮啮合情况和减速箱的声响是否正常；机械连接部分是否松动或有无异常响声。除此还要人工测量沉淀物厚度，判断池内矿物的多少。

4. 影响浓缩的因素

（1）矿浆的浓缩效率　矿浆的浓缩效率取决于其中固体矿粒沉降的快慢，即取决于矿粒的沉降末速。影响矿浆中的矿粒沉降速度的因素主要是矿粒的大小，其次是水的黏度。

（2）加速沉降的方法　加速沉降最有效的办法是把微细颗粒“变大”，于是就向矿浆中加入适量的凝聚剂，以提高沉降速度。改善微细物料的沉淀而使其结合为较大的凝聚体的过程叫凝聚。

5. 浓密机常见故障及排除方法

浓密机常见故障及排除方法见表 2-8。

表 2-8　浓密机常见故障及排除方法

常见故障	发生原因	排除方法
轴承过热	缺油或油质不良 竖轴安装不正 轴承磨损或碎裂	补加油或更换新油 停车调整或重新安装 更换轴承
减速箱发热或有噪声	缺油或油质不良 齿轮啮合不好 齿轮磨损过甚	补加油或更换新油 调整齿轮啮合间隙 修复或更换齿轮
电动机电流过高，爬架或传动机构噪声	负荷过重 耙臂耙齿安装不当或松动 竖轴弯曲或摆动	调整负荷，提耙或增加排矿 重新安装或紧固 校正竖轴或调整紧固
滚轮打滑	负荷过重 摩擦力不够 滚轮磨小	增加排矿 擦净轨道面上的油污或水 修复或更换滚轮

二、水平带式过滤机

水平带式过滤机见图 2-11。

扫描二维码观看水平带式过滤机实际工作视频

图 2-11　水平带式过滤机

1. 过滤的原理

过滤和浓缩一样，也是一个使含水物料中的固体颗粒与水分分离的过程。过滤是以一种具有许多孔隙的物质（或物体）作为介质，使含水物料中的水通过孔隙而将固体颗粒截留在介质的另一面，以此达到分离的目的。用于过滤的介质即称为过滤介质（如滤布），被过滤介质截留下来的固体部分作为滤渣或滤饼，如图 2-12 所示。

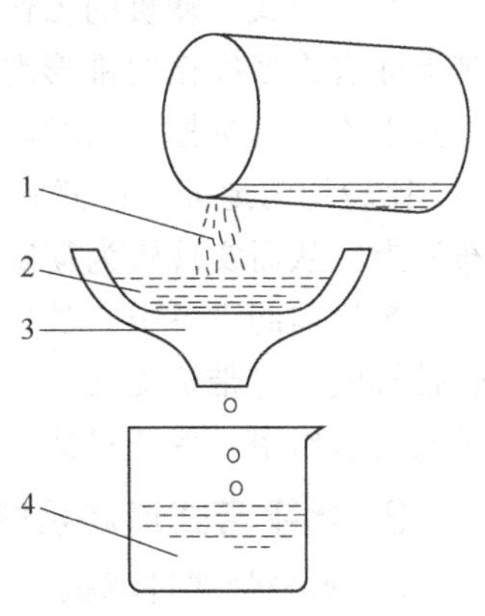

图 2-12　过滤简图

1—滤浆；2—滤饼；3—过滤介质；4—滤液

2. 水平带式过滤机的工作原理

水平带式过滤机其外形犹如大型的带式输送机，如图 2-13 所示。它是利用矿浆的中立和真空抽吸力实现固液分离的一种高效过滤设备。由于在生产能力、洗涤效率和生产费用等方面有其突出的优势而得到广泛应用。其过滤方式是滤饼过滤，即悬浮液中的固体颗粒的粒度大多数比介质（滤布）孔道的直径要大，固体颗粒聚在介质表面形成滤饼。刚开始过滤时，悬浮液中很小的固体颗粒可以通过孔道，因此滤液是比较浑浊的，但滤饼形成后，滤饼对其后的固体颗粒起主要截留作用，成为新介质。过滤的阻力会因滤饼

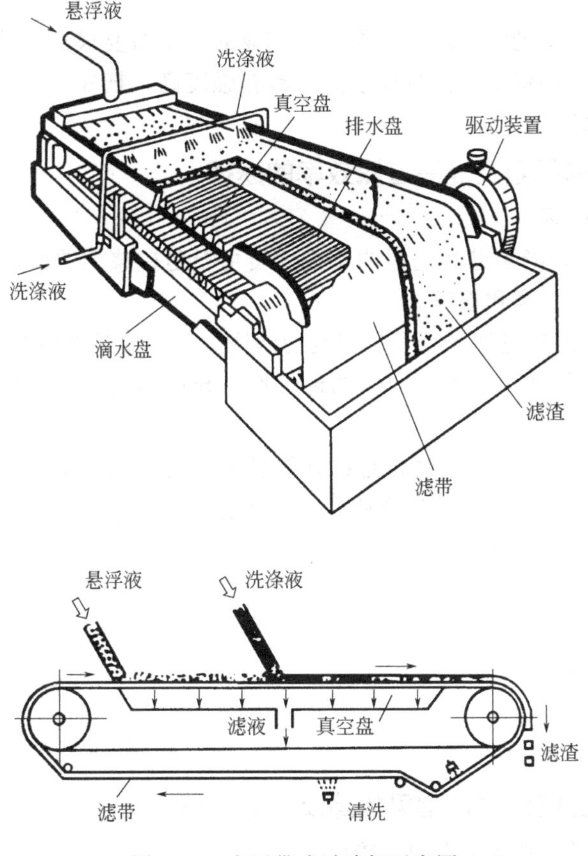

图 2-13　水平带式过滤机示意图

厚度的增加而增大，滤液滤出的速率会逐渐降低，所以滤饼积聚到一定厚度后，必须将其从介质表面移去。

水平带式过滤机的工作过程：胶带上面覆盖一层滤布，滤布与大胶带同步前进，胶带上面有许多纵横的锥形沟槽，形如压滤机的滤板，沟槽中部有出液孔眼，运行时孔眼与其下部的真空抽液箱相同。由于真空作用，滤布吸附在胶带上，矿浆随着滤布水平移动，比较均匀地分布在滤布上，滤液从孔眼被抽吸到汽水分离器中，滤渣被留在介质（滤布）上，从而实现较为彻底的固液分离。

带机辅助设备中的鼓风机，其作用是在带机胶带与带机支架之间产生一个气垫，减轻带机胶带与带机支架之间的摩擦力，从而减少动力消耗。另一个作用是通过对带机胶带的支承作用，保证对滤布的支承。

3. 水平带式过滤机的结构与检测

① 水平带式过滤机由传动装置、带机机架、滤布、脱水带及辅助设备（辅助设备包括真空泵、鼓风机、汽水分离器和离心泵）组成。

② 水平带式过滤机的检查与测试首先要启动空气支承系统（鼓风机），调节好风量，接通淋洗水。然后启动真空泵（启动前必须关死泄水），打开脱水带（耐磨带）的润滑水，开动水平带式过滤机，并检查耐磨带的平直与松紧。再打开给料阀，检查给料是否均匀，并检查过滤机运转是否正常，检查滤液泵工作情况。

4. 滤布

通常用作过滤介质的滤布是用纤维材料制成的。滤布要求具有过滤速度快、滤饼水分含量低、滤液明净等优点，而且要求滤布具有强度高、韧性大、耐磨、不怕腐蚀、透气性好、吸水少等特点。

5. 影响过滤的因素及提高过滤效率的途径

（1）影响过滤因素

① 滤浆的性质。影响过滤过程的滤浆性质主要是矿浆的浓度、温度、粒度以及矿浆中所含选矿药剂的种类和性质。

② 滤饼的性质。对过滤过程发生影响的滤饼性质主要是滤饼孔隙度和滤饼厚度。

③ 过滤介质的性质。主要指介质的透气性，介质透气性的好坏直接关系到介质过滤阻力的大小。

④ 推动力的大小。过滤推动力是过滤得以进行的前提，是影响过滤速度的主要因素，在过滤过程中，推动力为过滤介质两侧的压力差。

（2）提高过滤效率的途径

① 提高矿浆浓度。

② 提高矿浆温度。

③ 蒸汽加热滤饼。

④ 使用助滤剂。

⑤ 增大推动力。

6. 水平带式真空过滤机常见故障及排除方法

水平带式过滤机常见故障及排除方法见表 2-9。

表 2-9　水平带式过滤机常见故障及排除方法

常见故障	发生原因	排除方法
滤液变浑浊	滤布宽度不够	采用合适的滤布
	滤布有破洞	修补或更换滤布
	滤布密度不够	采用合适的滤布
	进料太快，溢出滤布	注意操作，减少加料
	卸料不净和滤布没洗净	适当调整，检查清洗水
	料浆变化造成透滤	控制工艺条件
滤饼洗涤不净	洗涤区太短	增加洗涤槽
	洗涤水槽流水不均匀	调节洗涤水槽水平度
	洗涤水太少或洗涤次数不够	重新确定工艺
滤布跑偏、滤布出现褶皱	滤布宽度发生变化	调整传感器位置
	调偏气缸推力不足	提高气源压力
	电磁换向阀失灵	检修或更换
	气路管路堵塞或泄漏	检修气路管道
	布料不匀引起滤饼不匀	改进布料制作方法
滤布不净	滤饼含湿量太高	加长吸干区或吸干时间
	刮刀和滤布间的间隙太大	调节间隙压紧力
	滤布选择不适当	更换滤布
	喷水管或喷头堵塞	清理
	清洗水水源压力不足	提高水压
	水箱堵塞	清理

三、浮选机

1. 认识浮选机

浮选机是由下部吸入空气，靠叶轮的旋转搅拌矿浆，同时在叶轮腔内产生负压，将空气吸入并弥散形成气泡的浮选机器。根据浮选工艺特点，对浮选机有以下几项要求。

扫描二维码观看浮选机实际工作视频

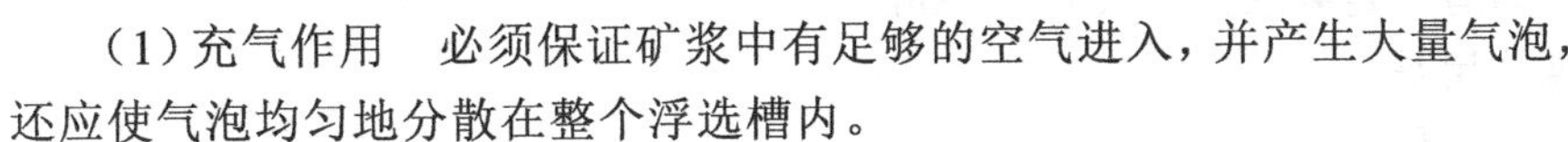

（1）充气作用　必须保证矿浆中有足够的空气进入，并产生大量气泡，还应使气泡均匀地分散在整个浮选槽内。

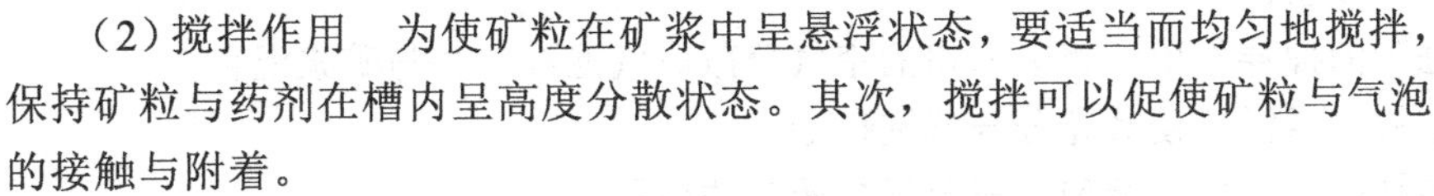

（2）搅拌作用　为使矿粒在矿浆中呈悬浮状态，要适当而均匀地搅拌，保持矿粒与药剂在槽内呈高度分散状态。其次，搅拌可以促使矿粒与气泡的接触与附着。

（3）循环流动作用　为增加空气和矿粒的接触机会，浮选机应能使矿浆循环流动且多次通过充气机构。

（4）连续作用　必须保证能连续接受矿浆原料，选出精矿，及时排出尾矿。

2. 浮选机的分类

（1）机械搅拌式浮选机　靠叶轮旋转并在盖板或定子的作用下吸入空气，从而使矿浆进行充气和搅拌。

（2）压气机械搅拌式浮选机　采用机械搅拌和从外部压入空气并用的形式，以加强矿浆的充气和搅拌作用。

（3）压气式（无搅拌器）浮选机　利用外部鼓风机送入压缩空气而对矿浆进行充气和搅拌。

3. 浮选机的结构

浮选机由槽体、叶轮盖板和传动装置三大部件构成。浮选机组示意图如图 2-14 所示。

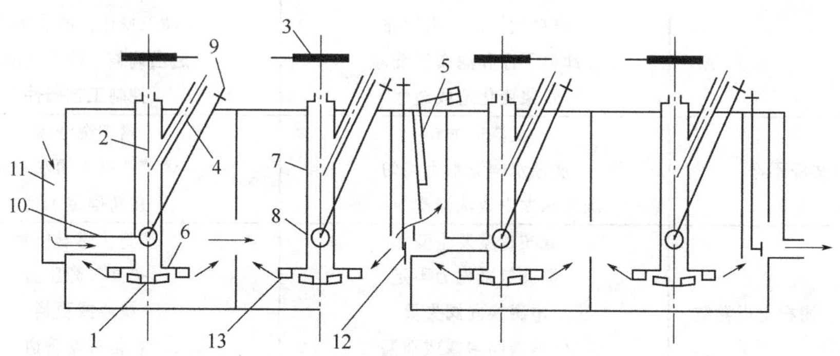

图 2-14　浮选机组示意图

1—叶轮；2—垂直轴；3—皮带轮；4—导管；5—矿液调节闸门；6—叶轮盖板；7—进气管；8—矿浆循环孔；9—螺旋杆；10—给矿管；11—承矿箱；12—排矿闸门；13—导向叶片

浮选机叶轮安装在主轴下端，主轴的上端装有皮带轮，叶轮由电动机经三角皮带轮带动旋转。盖板位于叶轮上方，连接在竖管上。竖管周围分别装有给矿管、充气管以及循环孔，循环孔常用于安装进浆管线或中矿返回管。

（1）槽体　槽体由金属材料制造，一般使用的是两槽合为一个机组，每个机组的第一槽是吸入矿浆用的，第二槽与第一槽之间的隔板下部是直接连通的，它的上面安有直立导向翅板，槽后部还装有斜板，用以加速泡沫向刮板方向移动。

（2）叶轮盖板　通常叶轮、盖板是用铸铁制成的。叶轮是一个圆盘，上面有 6～8 个辐射状叶片，盖板下部也有 18～20 个导向叶片，并且与半径成 55°～60°，顶端与盖板内缘之间的间隙有一定要求，一般为 5～8mm。

叶轮的主要作用是：

① 和盖板组成泵；

② 依靠强烈的搅拌作用，将吸入口的空气分散成气泡群，并与矿浆混合；

③ 造成矿粒的悬浮，使其充分与气泡接触；

④ 进一步把药剂与矿浆搅匀，充分发挥药剂的效用。

盖板的作用是：

① 和叶轮组成泵，对矿浆和空气产生抽吸作用；

② 盖板周围的导向叶片对排出的矿浆起导向作用，这样可以减少矿浆在叶轮周围产生涡流，提高吸气能力；

③ 盖板上的大小、数量适当的矿浆循环孔可以增加内部矿浆的循环气量；

④ 盖板在叶轮上方，它可以防止停车时矿粒直接埋住叶轮，不至于造成开车困难。

4. 浮选机的优缺点

优点是充气搅拌强，生产能力大，效率高（达到同一回收率所需要的时间短），药剂消耗少，以及处理粒较粗和相对密度大的矿料效果好。

缺点是对叶轮盖板间的间隙要求严格，如果磨损后的间隙大，就会使充气量下降、电能消耗增加，最后导致浮选效果变差。

5. 认识浮选流程

浮选流程的结构包括粗选、精选和扫选作业，如图 2-15 所示。

粗选是选矿时将入选的矿物原料进行初步分选的作业。经粗选，矿物原料即被分为粗精矿、中矿、尾矿等两种或两种以上的产品。

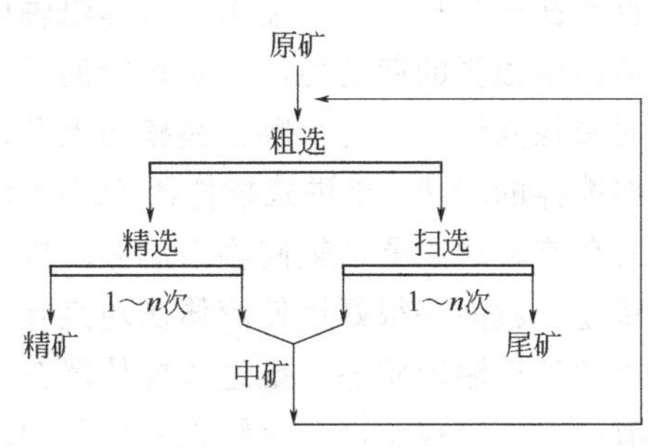

图 2-15　浮选流程结构

扫选是选矿时从粗选尾矿中进一步回收有用成分的选别作业，是指粗选尾矿在不能作为最终尾矿废弃时，进入的下一步作业处理，主要目的是提高有用矿物的回收率。精选是选矿过程中，为提高粗选精矿的有用成分含量，使之达到工业质量要求，进一步对粗精矿进行富集的选别作业，主要目的是提高精矿品位。

浮选流程结构中的精选、扫选的次数和中矿（浮选过程分出一部分未成品，需要进一步处理的产品）的处理，取决于矿物的可浮性和对精矿的质量要求。确定选别次数的原则是：对于原矿品位高的矿石，为充分回收，需增加粗选次数；对于低品位的粗选精矿，精矿质量要求较高时，则应增加精选次数；对于部分难选的矿石，为达到较高的回收率，应增加扫选次数。

一般光卤石都含有石盐，因此加水溶解氯化镁后得到的固相组成类似钾石盐。

四、结晶器

结晶器（LHJ-10）主要由结晶罐、搅拌机、导流筒、析流筒、溢流槽等组成，如图 2-16 所示，与其配套的还有细晶罐。

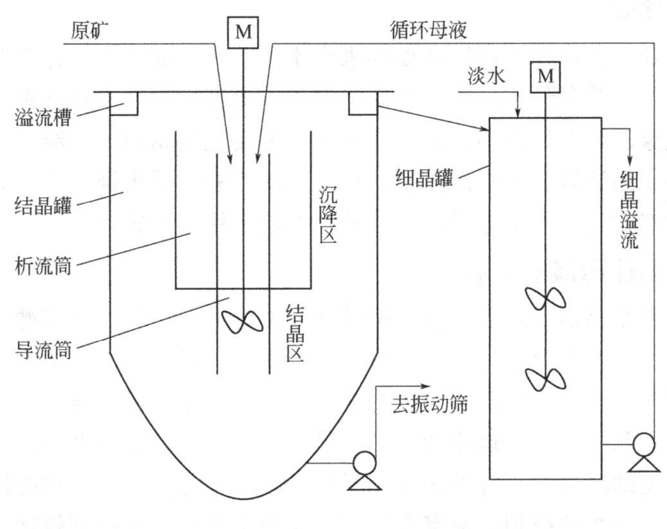

图 2-16　结晶器

来自低钠带机的滤饼（低钠光卤石）和调浆水及淡水以一定的比例自导流筒进入结晶器中，通过搅拌、沉降、结晶，将符合标准的矿浆输送到后续工序中。

1. 结晶器搅拌

在实际生产过程中，结晶器搅拌采用的是开启涡轮式搅拌器，开启涡轮式搅拌器基本上是一种径流型搅拌器，流体的流动状态不利于物料的混合。虽然折叶涡轮式搅拌器也能在一定程度上使输出的流体沿轴向流动，但这种搅拌器在工作时，其桨叶边缘对流体作用很强的剪切力，这对颗粒的长大起抑制作用。高浓度的流体在结晶器的底部和四周做径向运动，对小颗粒晶核的上升速度作用不明显。要达到一定的上升速度，只能增加搅拌的转速。推进式搅拌器（钾肥车间所采用的搅拌器）是一种典型的轴流型搅拌器，其在旋转时主要从轴向输出流体。推进式搅拌器容积循环速度大，在工作时只需很小的转速，就能够很好地使流体在随桨叶旋转的同时进行上下翻腾，即容易使低黏度流体的流动处于湍流状态。推进式搅拌器在旋转时主要对流体作用轴向的推力，对流体作用的剪切力相对很小，但有较强的提升力，这对于粒径的长大及导流筒中物料的提升有很大的促进作用，对光卤石的溶解和氯化钾颗粒的长大都是有利的。车间采用大流量的底流来保证正常生产，因此导致细核上升速度减小，结晶器中核的“泛滥”致使晶核无法长大。继而结晶器溢流量减小，导致细晶配制分解液的E点卤水的不足，波美度偏低。用此部分分解液进入结晶器分解光卤石，物料的过饱和度增加，氯化钾结晶推动力增加，大量晶体析出过快，这时就多半形成针状、薄片状或者树枝状的晶体，且晶体很细，相互重叠或聚集成团。这是因为过饱和度过大，在极短的时间内要把结晶热放散出来，也只有析出这种晶形。长针状、树枝状、羽毛状晶体在溶液中生成时就容易夹带母液，并在离心分离、干燥、运输过程中易于折断产生许多粉末。扁平状晶体过滤、洗涤都很困难，不仅过滤速度缓慢，影响离心机的工作效率，而且滤饼含母液多，这导致后续系统的干燥负荷增加。且夹带母液中含有部分杂质，通过干燥水分，这部分杂质又以固体形式存在于成品之中，影响产品的纯度。细晶恰恰相反，开启涡轮式搅拌器，提高搅拌转速，可以溶解大量的细晶，改善结晶环境。

2. 细晶搅拌器

细晶溶解目前主要存在的问题是搅拌强度不足，大量细晶未能完全溶解，二次回结晶器，造成结晶器中晶种过多，影响粒径的增大。另外，通过取样分析，细晶罐中存在液体间的分层现象，表明混合不均匀。细晶罐既要实现均相液体（淡水母液）的充分混合，还要实现细晶的溶解。因此，按搅拌器选型的经验，采用推进式和涡轮式两种形式相结合（底部搅拌叶轮采用推进式，上层搅拌叶轮采用涡轮式）。

3. 结晶器循环母液的配制

为实现淡水和结晶器溢流之间按比例进行循环母液的配制，稳定循环母液的化学组成和循环量，对结晶器溢流量有必要进行控制。根据计算，在给矿量确定的条件下，给入细晶溶解罐的淡水量基本是恒定的。此时，为配制一定化学组成的循环母液，应对结晶器溢流进行计量和控制。在理论计算的基础上，通过控制进入细晶溶解罐的母液量与淡水量的比例，使结晶器循环母液的化学组成稳定在工艺控制所要求的指标之内，进而实现对冷结晶工艺参数的控制，使整个生产系统稳定性进一步得到强化。

4. 自动化的恢复与完善

冷结晶作为氯化钾生产系统的核心部分，为保证结晶系统生产的稳定性和连线性，自动化控制的实现具有很重要的意义。每台结晶器的运行工艺参数存在差异，说明人为操作存在调整滞后或未能按工艺规程及时予以调整。为消除人为操作所带来的不利因素，采用自动化控制是必然选择。在实际的生产过程中，加矿量、溢流量、底流量、循环量以及加水量和结晶器溢流的排除量都有一定的配比关系，以加矿量为标准就有相关的一系列工艺参数，以达到最佳的工艺配比。因此，冷结晶系统工艺参数的控制和工艺指标的稳定、优化最终将取决于自动化控制的手段和水平，完善自动化控制是必要的。

项目四 认识钾肥干燥包装工段

任务一 认识本工段岗位任务、岗位设置及职责

一、岗位任务

干包（干燥包装）车间承担的任务就是把加工车间生产的产品进行干燥、包装。主要的生产工艺设备包括2台天然气干燥炉、6台旋转式烘干转筒、6套旋风式除尘系统、7套布袋式除尘系统、2台备用冷却流化床系统、4套无动力除尘、4条管式输送机、25条半自动包装流水线、15条吨包半自动包装流水线、1条集装箱半自动流水线，干燥后的产品含水量在0.5%以下，小包包装的产品的质量标准为50～50.3kg，吨包包装的产品质量标准分别为1504～1508kg、2004～2008kg，日包装量在万吨。

二、岗位设置

岗位设置如图2-17所示。

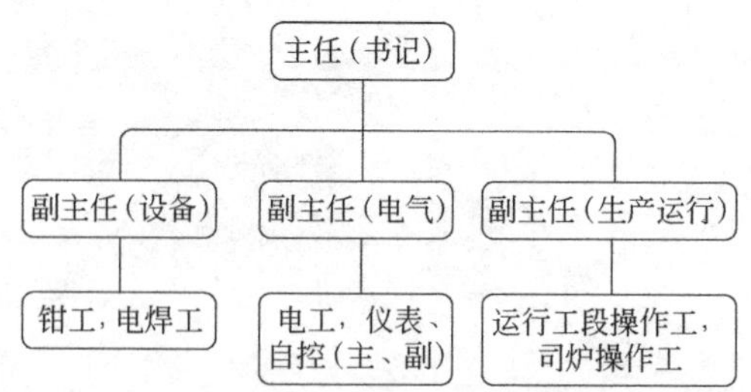

图2-17　干包工段岗位设置图

三、岗位职责

（1）负责干包炉系统设备的正常使用，如发现异常及时上报，并做好记录；

（2）在生产过程中做好与上下工序的衔接工作，确保产品质量；

（3）配合车间做好“急、难、险、重”临时性抢险工作；

（4）持续推进“6S”（现场管理工作）和“TNPM”（全面规范化生产维护）；

（5）完成领导交办的其他工作。

任务二 认识干燥包装工段核心设备

一、转筒式干燥机

转筒式干燥机见图 2-18。

图 2-18　转筒式干燥机

提问：用自己的话叙述干燥的基本原理及干燥的目的。

1. 转筒干燥机简介

转筒干燥机又叫回转式干燥机，按照对含水物料传热方式的不同，可以分为直接传热式和间接传热式两种。直接传热是利用加热过的气体（热空气或燃料燃烧产生的烟道气，或者是热空气和烟道气的混合体），直接与物料接触，通过对流作用，把所载热量传给物料。间接传热是利用器壁的热传导来传热，载热后热气体不用同燃料直接接触，从物料中蒸发出来的水汽由另外的空气流带走。

2. 直接传热式转筒干燥机的分类

直接传热式转筒干燥机，按照热气流（干燥介质）同被干燥物料的运动方向是否一致，又可分为并流式（又叫顺流式）和逆流式，如图 2-19 所示。

并流式干燥时，未经干燥的物料和热气流由同一端进入干燥机。并流式干燥的整个进程是很不均衡的，废气的排出又与干燥产品的排出在同一端，容易扬起粉尘，致使废气带矿粒较多。但是由于物料排出时是与温度已经降低的气流相接触，干燥产品的温度较低（一般为 60～70℃），热损失小，便于操作和运输。

逆流式干燥时，物料进入干燥机时与温度较低的废气相接触，随着物料温度的升高，它所接触的介质温度也越来越高，干燥速度和整个热交换过程都比较均衡，而废气的排出又是在物料的进入端，水分较高的物料对穿过的废气还有滤清的作用，被废气带走的尘粒很少。但是因为干燥物料排出的温度高，热损失大，操作和运输都不方便。

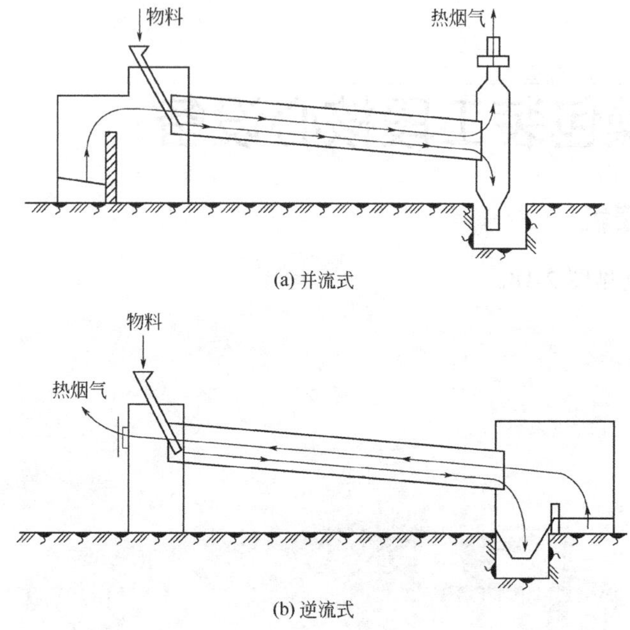

图 2-19　直接传热式转筒干燥机结构图

3. 直接传热式转筒干燥机的构造

直接传热式转筒干燥机的主体是一个倾斜安装的钢板焊制的圆筒，在圆筒的外壳上装有表面光滑的轮箍，每道轮箍支撑在两个可以转动的托轮（又叫作托辊）上，托轮可以沿横向做水平移动而改变它们之间的距离，借此调节转筒的倾斜角度。倾斜安装的目的是兼有输送物料的作用，为了防止转筒由于倾斜而产生轴向移位，在安装两个托轮时，有意把它们的轴线斜成一定的夹角，这样一来，当转筒回转时，两个轴线不平行的托轮就如同圆锥滚柱轴承那样产生一个向上的推动力，阻止转筒的向下移动，在轮箍较低的一侧安装挡轮，以此保证圆筒不向下滑，挡轮和托轮支撑在同一底座上。为了避免流动的干燥介质和粉尘逸出，在转筒两端与燃烧炉和卸料罩相连的部位，设置有防止漏风的密封圈，转筒外壳的中部固定有大齿圈，电机通过减速机驱动齿轮啮合大齿圈，即可带动转筒回转。为了使物料在干燥过程中容易分散，在转筒内壁上焊抄板，物料在回转过程中被抄板带起一定的高度，然后撒落下来，能均匀地分布在转筒断面的各个部分，从而与干燥介质充分接触，提高干燥效率。但离排料端 1～2m 的筒壁上不能安装抄板，以防止物料扬起粉尘被废气带走。当处理容易黏结的物料时，可在给料 1～1.5m 处安装螺旋形导料板，以防料口堵塞。直接传热式转筒干燥机的优点是：生产率大，操作方便，适用于处理细颗粒而不过多黏结的物料。

4. 转筒干燥机操作和维护

转筒干燥机的操作要领是：按照过滤作业预计开车时间，提前升炉，把燃料炉点燃后再开动引风机，将烟道气吸入尚未运转的干燥机圆筒内，通过集尘系统排至大气中，继续加热（10～15min），直到除尘器出口处的烟道气有一定的温度以后，再开动干燥机。干燥机在启动之前，应当依次检查筒体上的连接件是否紧固；轮箍与托轮、挡轮的接触是否良好；传动齿轮的啮合情况；减速机轴泵的油量是否合适等。确认一切正常后，方可启动。

停机时，应当先停止给料，待筒体内的物料全部排出后再熄灭燃烧炉，最后停干燥机和通风除尘系统。

注意事项：运转中要密切注意转筒内的温度（一般控制在400～600℃，燃烧炉可高达800℃以上），防止精矿过度干燥、增加粉尘损失或引起燃烧。要经常检查传动部件的接触和润滑情况，给矿漏斗是否堵塞，集尘系统工作是否正常。

转筒干燥机的常见故障及排除方法见表2-10。

表2-10　转筒干燥机的常见故障及排除方法

常见故障	发生原因	排除方法
轴承过热	缺油或油质不良 轴承磨损或碎裂 轴承间隙过小或安装不正	加油或更换新油 更换轴承 增大间隙或调整位置
减速机发热或有异常声响	缺油或油质不良 齿轮啮合不好 齿轮磨损过盛	加油或更换新油 调整啮合间隙 修复或更换齿轮
筒体摇摆	筒体或轮箍变形 托轮轴承磨损过甚或轴承座活动	校正或调整紧固连接件 更换轴承，拧紧螺栓
粉尘量或粉尘损失增加	筒体温度过高 处理量过小或漏斗堵塞 湿式除尘器水量不够或水管堵塞	引入冷空气 增加给料量或疏通漏斗 增加给水，疏通管道
产品水分过大	干燥温度过低 处理量过大 滤饼水分过大 抄板脱落	提高炉温 减少给料量 通知过滤作业，降低滤饼水分 补焊抄板

影响干燥的因素有：影响蒸发的因素、影响热交换的因素、影响干燥过程的操作因素。

二、筛分机

筛分机是利用散粒物料与筛面的相对运动，使部分颗粒透过筛孔，将浆砾、砾石、碎石等物料按颗粒大小分成不同级别的振动筛分机械设备。筛分机是利用螺旋向上推出物料，然后进行机械化筛分的设备。筛分机可以将磨机中的物料按照级别过滤出来，再把较大的物料使用螺旋片旋入磨机进料口，将过滤后的微小物料从溢流管溢出。筛分机的底座使用的是槽钢，机身使用钢板焊接而成。

筛分机按筛面的情况分为固定筛面、振动筛面、滚筒筛面、运动筛面和其他类型筛面等。

DF筛分机的驱动原理是使用两个转速不同的振动电机，带较大不平衡配重的低转速电机位于进料侧，带较小不平衡配重的高转速电机安装在出料处。

在进料口以大振幅对筛分物进行松散和彻底搅拌。在溢料口，由于较高加速度带来电机的高频率，使难以筛分的产品也得到筛分。通过改变旋转方向可以有针对性地影响筛分物的输送速度。

任务三 认识干燥包装工段工艺流程

干包车间生产工艺流程如图2-20所示。

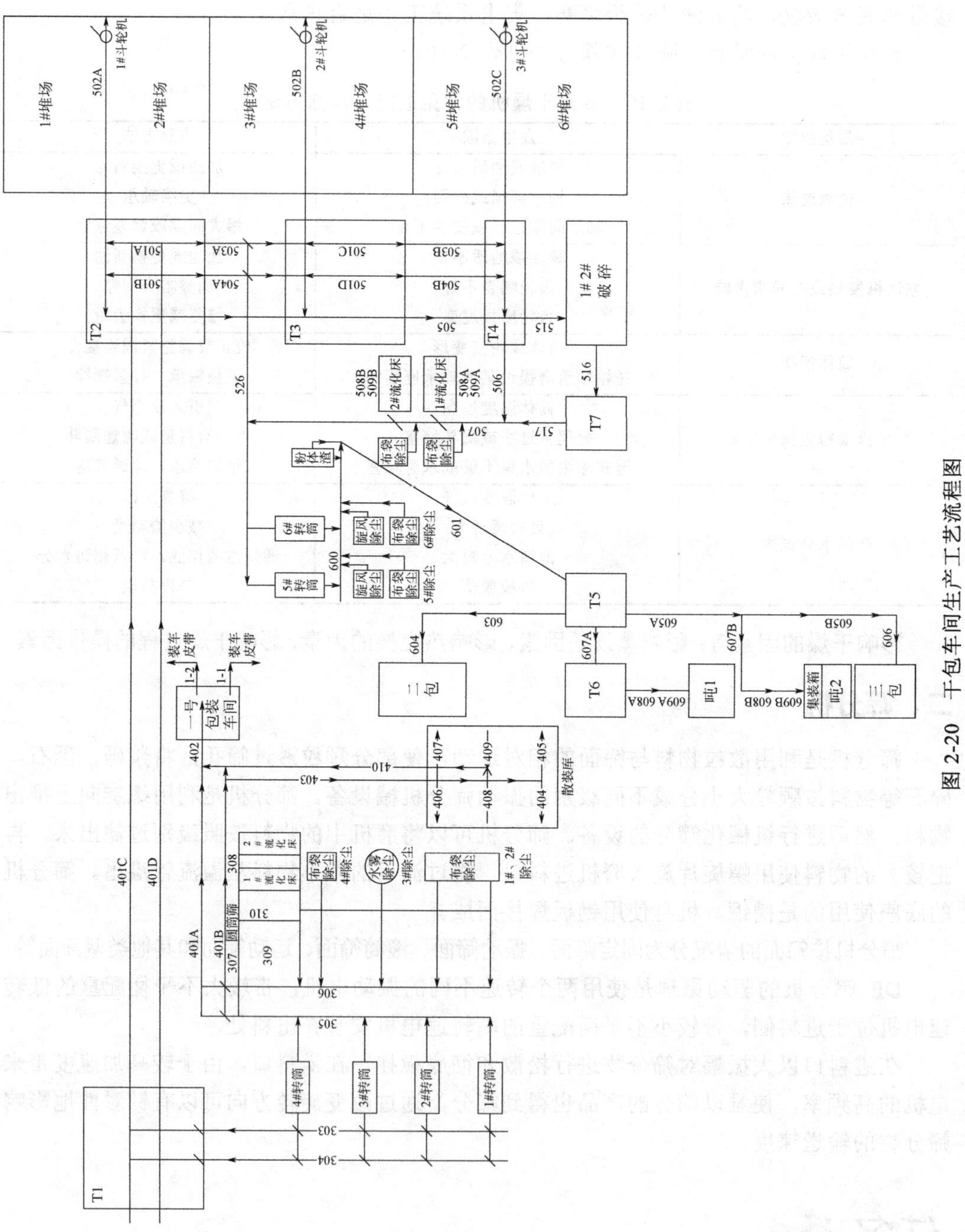

图 2-20 干包车间生产工艺流程图

实训任务二 分解釜实训操作

一、实训目的

1. 认识反浮选-冷结晶法生产氯化钾的主要工段；
2. 了解各工段安全生产制度及措施；
3. 掌握各工段核心设备的机械结构和工作原理，并掌握操作方法；
4. 了解各工段的岗位设置及岗位任务；
5. 能够进行设备开车前的检修；
6. 对设备运行过程中出现的问题有分析原因和解决的能力；
7. 有辨识危险源和遇到危险能采取正确的措施进行处理的能力；
8. 能进行设备的日常维护。

二、实训准备

1. 场所

盐化工实训基地。

2. 实训设备

分解釜。

三、实训步骤

1. 开车

① 老师发出指令，内外操人员进入工作岗位，外操进行开车准备。

② 外操：检修设备（用时 10min），检修完毕，对讲机回答“设备检修一切正常，可以正常开车”并远离设备。

③ 内操：回答“收到”。开启搅拌机，调整转速为 200r/min。（搅拌机已开启）

④ 外操：回答“收到”。

⑤ 内操：进料阀已开启

⑥ 外操：回答“收到”。

⑦ 内操：进水阀已开启。

⑧ 外操：回答“收到”。

⑨ 设备运行过程中，外操人员观察设备运行情况，出现异常及时汇报。

⑩ 内操：人员实时观察数据（分解釜液位、搅拌速度、进料量）。

2. 停车

① 内操：回答“现在准备停车”。

② 外操：回答“收到”。

③ 内操：关搅拌机（将转速调零，再关开关）。回答“搅拌机已关闭”。

④ 外操：搅拌机已关。

⑤ 内操：进料阀已关闭。

⑥ 外操：进料停止。

⑦ 内操：进水阀已关闭。

⑧ 外操：进水已停止

代表汇报：本次分解釜开、停车操作完毕。

教师提问：通过本次实践你们有什么收获？

学生代表回答老师问题：

四、实训评价

1. 学生自评

学生自评表见表 2-11。

表 2-11 学生自评表

评价内容	评分标准	得分
内外操配合（20 分）	在操作过程中内外操能合理沟通，并且思路清晰	
语言表达（10 分）	发出流畅表达指令，接收指令后能有效传递信息	
设备检修（20 分）	设备检修全面，检修方法正确	
操作方法（20 分）	阀门开关及 DCS 操作等能够按照正确方法进行	
操作顺序（20 分）	按照正确的开、停车顺序进行操作	
汇报（10 分）	汇报时思路清晰，能将自己的所得所想清楚表达	

2. 教师评价

教师评价表见表 2-12。

表 2-12 教师评价表

评价内容	评分标准	得分
操作技能评价（80 分）	在操作过程中内外操能合理沟通，并且思路清晰	
	发出流畅表达指令，接收指令后能有效传递信息	
	设备检修全面，检修方法正确	
	阀门开关及 DCS 操作等能够按照正确方法进行	
	按照正确的开、停车顺序进行操作	
	汇报时思路清晰，能将自己的所得所想清楚表达	
素质评分（20 分）	操作过程中体现团队合作精神，注重团队沟通及团队人员参与	

五、作业单

1. 总结浮选的概念及浮选过程。
2. 总结浮选基本原理。
3. 总结反浮选-冷结晶法生产氯化钾主要工段名称及各工段的岗位设置。

模块三
盐湖镁资源综合利用

知识目标

1. 了解氧化镁的物理化学性质、作用及市场价格。
2. 了解石灰-氨联合法生产镁系产品的原理并会书写其化学方程式。
3. 了解在利用石灰-氨联合法生产镁系产品时原料处理岗位的岗位任务与岗位职责。
4. 认识生产工艺的核心设备。
5. 知道原料处理过程中存在的杂质离子并掌握去除方法。
6. 掌握 Cl^-、Ca^{2+}、NH_4^+、Mg^{2+}、SO_4^{2-}的检测方法。
7. 能判断出杂质离子对后续工段物料及设备的影响。
8. 认识反应工段的岗位设置。
9. 认识反应工段的设备，并掌握设备工作原理。
10. 了解该反应工段的危险源及预防措施。

技能目标

1. 具有该工艺生产前设备检修能力。
2. 能根据生产工艺总结所用主要设备并能画出框图。
3. 具有发现问题、分析问题和解决问题的能力。
4. 具有分析流程图的能力。
5. 能判断出杂质离子对后续工段物料及设备的影响。
6. 能绘制镁系产品的生产工艺流程图。

素质目标

1. 培养爱家乡、爱国家的情怀。
2. 树立正确的价值观、人生观。
3. 提高语言表达能力，培养其团队意识。
4. 培养奉献精神。
5. 培养团结合作的意识。

项目一 氢氧化镁、氧化镁基础知识储备

任务一 了解盐湖镁资源综合利用背景

我国有丰富的镁资源，不仅有海水、盐卤、井卤等液体资源，还有十分丰富的菱镁矿、白云石、水镁石、蛇纹石等天然矿物资源。其中，菱镁矿储量占世界总储量的四分之一，居世界之首，但品位较低，经煅烧后的氧化镁产品最高含量为90%～92%，产品用途和经济价值受纯度影响较大。

青海省察尔汗盐湖地区蕴藏钾、钠、镁、锂、硼等资源，已探明的盐湖镁资源储量达60亿吨，盐湖化工产业已发展成为具有青海省特色的优势产业。随着盐湖资源开发在广度和深度上不断推进，盐湖化工循环经济产业的技术瓶颈日渐突显。据测算，每生产1t钾肥排放废弃物（水氯镁石）约10t，察尔汗盐湖地区钾肥企业每年排放的废弃物折合成水氯镁石约8000万吨，其综合开发利用问题如果长期得不到解决，将不利于我国盐湖钾肥生产可持续发展，甚至影响到我国农业生产和粮食安全。

以察尔汗盐湖地区钾肥企业排放的废弃物为原料采用石灰-氨联合法生产$Mg(OH)_2$、MgO、烧结镁砂、电熔镁砂等一系列产品，不仅可以将该废弃物综合利用，而且能增加较高的经济价值。

任务二 储备氢氧化镁、氧化镁基础知识

$Mg(OH)_2$的物理化学性质及作用：白色晶体或粉末，水溶液呈碱性，密度为$2.36g/cm^3$。溶于稀酸和铵盐溶液，几乎不溶于水和醇，在水中的溶解度为0.0009g/100g（18℃）。易吸收空气中的二氧化碳。$Mg(OH)_2$在碱性溶液中加热到200℃以上时变成六方晶体系结晶，在350℃分解成氧化镁和水，高于500℃时失去水转变为氧化镁。沸水中碳酸镁可转变为溶解性更差的氢氧化镁。

氢氧化镁广泛用于化工、环保等工业领域；用作塑料、橡胶等高分子材料的优良阻

燃剂和填充剂，在环保方面作为烟道气脱硫剂，可代替烧碱和石灰作为含酸废水的中和剂；用作油品添加剂，起到防腐和脱硫作用；用于电子行业、医药、砂糖的精制；用作保温材料以及制造其他镁盐产品。

MgO 的物理化学性质及作用：白色或淡黄色粉末，无臭、无味，该品不溶于水或乙醇，微溶于乙二醇，熔点 2852℃，沸点 3600℃，氧化镁有高度耐火绝缘性能。经 1000℃以上高温灼烧可转变为晶体，升至 1500℃以上则成死烧氧化镁（也就是所说的镁砂）或烧结氧化镁。

氧化镁是碱性氧化物，具有碱性氧化物的通性，属于胶凝材料。暴露在空气中，容易吸收水分和二氧化碳而逐渐成为碱式碳酸镁，轻质品较重质品更快，与水结合生成氢氧化镁，呈微碱性反应，氧化镁的饱和水溶液的 pH 为 10.3。溶于酸和铵盐，难溶于水，其溶液呈碱性。不溶于乙醇。

离子方程式为：

$$MgO + 2H^+ \longequal Mg^{2+} + H_2O$$

$$MgO + 2NH_4^+ \longequal Mg^{2+} + 2NH_3\uparrow + H_2O$$

氧化镁广泛应用于橡胶、化工、建材、塑料（聚丙烯、聚乙烯、聚氯乙烯、三元乙丙橡胶）及电子、不饱和聚酯、涂料等高分子材料中。氧化镁晶体广泛应用于高温超导、医疗器械、半导体、光学等诸多高科技领域。

任务三 认知镁系产品生产工艺

石灰-氨联合法工艺流程见图 3-1。

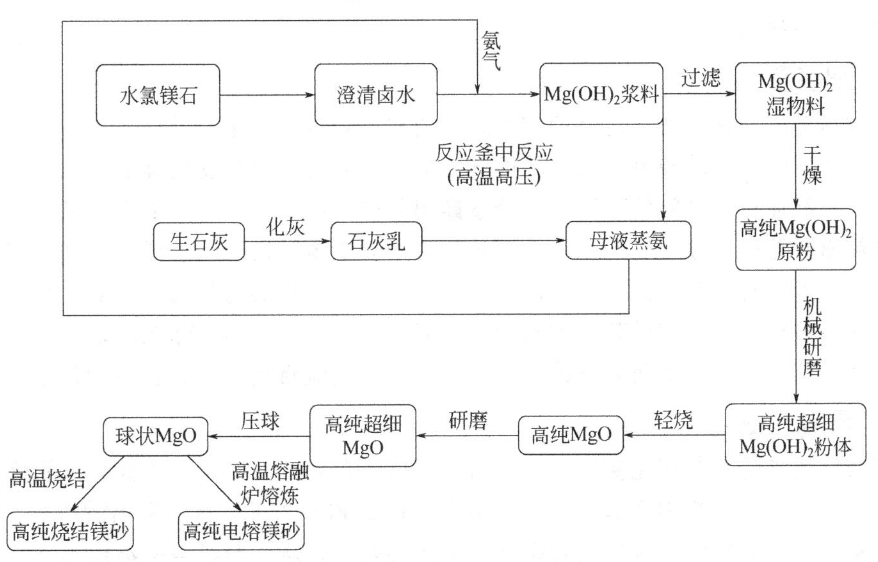

图 3-1 石灰-氨联合法工艺流程框图

1. 工艺流程叙述

用铲车将堆场的合格水氯镁石（要求 $MgCl_2$≥45.06%、Ca^{2+}≤0.05%、水不溶物≤0.1%）加入化卤池加水化卤。当溢流池中粗卤水量达到 2/3 时，将粗卤水泵至细晶分离器中，分离细晶后的粗卤水溢流到 1#沉降器、2#沉降器进行分级沉降。上清液溢流至一步清液槽，经压滤进入二步清液槽，进入精制卤水储罐中，供反应工段使用。底部泥浆定期排入泥浆槽后进行压滤回收其中的卤水，滤饼运至渣场处理。

以察尔汗盐湖丰富的钾肥副产物水氯镁石（$MgCl_2 \cdot 6H_2O$）为原料，采用石灰-氨联合法工艺技术，将原料水氯镁石（$MgCl_2 \cdot 6H_2O$）溶解精制，氨气和卤水同时加入反应釜，在特定的条件下完成反应，采用三次洗涤、分离的方法，得到纯度大于 99%的高纯氢氧化镁；含氨母液用石灰乳分解回收其中的氨，降低成品氨耗，减少氨对周围环境的污染。

反应工段来的三次洗水通过细晶分离、沉降和一步、二步厢式压滤机压滤后得到合格的精卤，这些精卤和蒸氨工段蒸汽加热、分解出的氨气通过氨压机同时进入主反应釜、副反应釜串联组成的连续反应器制备氢氧化镁浆料，同时配备沉降罐对反应完成后的料液进行沉降分离，上清液通过清液槽送至蒸氨工段循环蒸氨。氢氧化镁浆料经沉降罐进入带式过滤机进行固液分离，脱水后的氢氧化镁半成品输送到干燥工序储料仓。

2. 干燥工序

热空气由入口管以切线方向进入干燥室底部的环隙，呈螺旋状上升，同时物料由加料器定量加入塔内，并与热空气进行充分热交换。较大、较湿的物料在搅拌器作用下被机械破碎，湿含量较低及颗粒度较小的物料随旋转气流一并上升，输送至分离器进行气固分离，成品收集包装，而尾气则经除尘装置处理后排空。

3. 轻烧工序

煅烧炉主要由气体加热器、气固混合器、煅烧炉炉体、气固分离收集器组成。预煅烧物料由气固混合器送入炉内，同气体加热器加热的热空气混合呈旋流态运动，煅烧过程在瞬间完成后，从煅烧炉出口进入气固分离收集器，分离后的固体进行冷却分别从排料口和排风口排出。

4. 细磨工序

干式球磨机，物料和一定量的空气通过给料部经进料部中心处进入筒体内部，电动机经大小齿轮装置带动装有介质（研磨球）的筒体旋转。物料受到球的撞击以及处于球之间和球与筒体衬板之间的研磨，充分暴露出新鲜表面，得到充分混合，最后经出料篦板、螺旋出料管排出球磨机，完成粉磨过程。由异步电动机驱动，通过传动部带动筒体部转动，当筒体转动时，筒体内的研磨介质在摩擦力和离心力作用下，被提升到一定的高度，然后按一定速度被抛落。矿石受下落研磨球的撞击、球与球之间以及球与磨机之间的附加压碎和磨削作用而被粉碎，并借助空气的气流将被磨碎的合格物料送出筒体。

5. 母液蒸氨

石灰厂送来的石灰在化灰机中加水反应形成石灰乳，石灰乳理论要求氢氧化钙的浓度为 4mol/L。在蒸氨塔中用蒸汽加热母液温度达到 80～85℃，首先蒸出游离氨。剩余母液与石灰乳在灰乳桶中反应使结合氨转化为游离氨，再送入蒸氨塔中蒸出氨气。氨气送入反应工段。

项目二 认识原料处理工段

任务一 分析本工段岗位任务及职责

1. 岗位任务

本工段的主要任务是将水氯镁石溶解得到粗卤水并将粗卤水经压滤除杂得到反应用的精卤。在操作过程中应严格控制卤水中 Mg^{2+}、Ca^{2+}及 SO_4^{2-} 的含量。

2. 岗位职责

保证卤水中各离子浓度在工艺要求范围内，控制二次卤水中的杂质含量，并且严格按照工艺指标操作，维护好、保养好、使用好设备。

任务二 了解本工段危险源辨识及预防措施

1. 危险源辨识

① 在卤水池区域范围内作业时，易发生人员坠落溺水现象。

② 装载机卸料时易发生机械伤人事故。

③ 作业人员容易误吞食卤水。

④ 压滤机房空气潮湿，地面存在大量积水，故易发生滑倒及机械伤害。

⑤ 压滤机运行时，油缸压力 20MPa，油管可能出现断裂，易造成伤害。

⑥ 压滤机在清洗拉板过程中，操作人员检查滤布易造成挤伤、夹手等伤害。

2. 预防措施认知

① 作业人员必须正确佩戴劳动防护用品并注意周边警示标志，确认作业区域安全后再作业。

② 装载机司机要时刻观察周边有无人员活动，确认装载机周边无人员活动时方可作业，同时防止装载机掉入池内。操作人员要严格按照安全操作规程作业，穿好防滑鞋，

戴好防护手套并保持高度警惕。

③ 不准将脚、手、头、工具等伸入滤板间或压滤机的拉钩架上及滤板的把手上。

④ 操纵开关不准戴手套。

⑤ 不准在带电运行状态下，将手伸进滤板之间整理滤布。

⑥ 每次设备使用前检查液压油管道、高压柱塞泵管道及附件是否完好紧固，严禁人员在油缸后侧方停留。

⑦ 人员在巡检压滤机时，应站在压滤机侧面，同时看清楚安全警示标志。

任务三 认识本工段主要设备

1. 细晶分离器

细晶分离器如图 3-2 所示。

图 3-2 细晶分离器

工作温度：30℃；工作压力：常压；设备用途：细晶过滤。

生产厂家：河北兴海玻璃钢有限公司。所属工序：卤水工序。

2. 道尔顿沉降器

道尔顿沉降器如图 3-3 所示。

设备用途：卤水沉降，固液分离。所属工序：卤水工序。

其工作原理及结构见本书模块二项目三任务三中浓密机的介绍。

图 3-3 道尔顿沉降器

3. 板框式压滤机

板框式压滤机见图 3-4。

图 3-4 板框式压滤机

面积：125m^2；配备板数：47 片；压紧压力：20MPa；过滤压力：0.8MPa；设备用途：过滤一步清液罐卤水。

板框式压滤机是一种古老却仍在广泛使用的间歇过滤设备，其过滤推动力为外加压力。它是由多块滤板和滤框交替排列组装于机架构成。滤板和滤框的数量可在机座长度内根据需要自行调整，过滤面积一般为 2～80m^2。

板和框的 4 个角端均开有圆孔，组装压紧后构成四个通道，可供滤浆、滤液和洗涤液流通。组装时将开孔的滤布置于板和框的交界面，再利用手动、电动或液压传动压紧板和框。图 3-5（b）称为滤框，中间空，可积存滤渣，滤框右上角圆孔中有暗孔，与框中间相通，滤浆由此进入框内；图 3-5（a）和图 3-5（c）称为滤板，但结构有所不同，其中（a）称为非洗涤板，（c）称为洗涤板，洗涤板左上角圆孔中有侧孔与洗涤板两侧相通，洗涤液由此进入滤板，非洗涤板则无此暗孔，洗涤液只能从圆孔通过而不能进入滤板。滤板两面均匀地开有纵横交错的凹槽，可使滤液或洗液在其中流动。为了将三者区别，一般在板和框的外侧铸上小钮之类的记号，例如一个钮表示非洗涤板，两个钮表示滤框，三个钮表示洗涤板。组装时板和框的排列顺序为非洗涤板—框—洗涤板—框—非洗涤板……—框—非洗涤板。按钮的个数即为123212321…321。两端用非洗涤板做机头压紧。

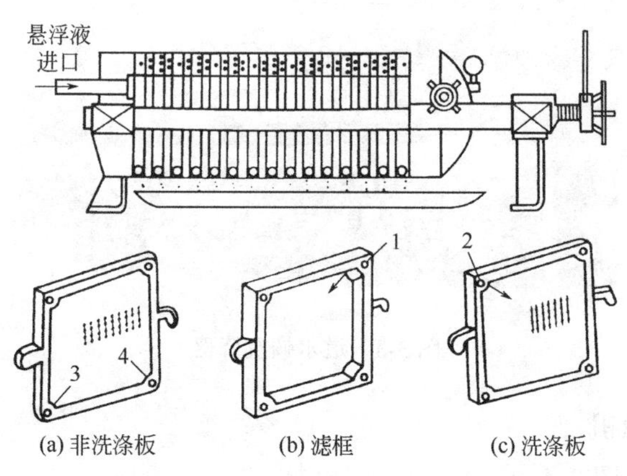

图 3-5　板框式压滤机结构图

1—滤浆通道；2—洗涤液入口通道；3—滤液通道；4—洗涤液出口通道

过滤时，悬浮液在压差作用下经滤浆通道 1 由滤框角端的暗孔进入滤框内，滤液分别穿过两侧的滤布，再经相邻板的凹槽汇集进入滤液通道 3 排走，固相则被截留在框内，当滤饼量达到要求或过滤速率降到规定值以下时停止过滤。洗涤时，关闭进料和滤液排放，然后将洗涤液压入洗涤液入口通道 2 经洗涤板角端侧孔进入两侧板面，之后穿过一层滤布和整个滤饼层，对滤饼进行洗涤，再穿过一层滤布，由非洗涤板的凹槽汇集进入洗涤液出口通道排出。洗涤完毕后，旋开压紧装置，卸渣、洗布、重装，进入下一轮操作。

板框压滤机的优点是结构简单、过滤面积大并可任意改变、允许压差大、适应范围广泛等。但其需要拆装、清洗、卸渣等，劳动强度大，洗涤不均匀，生产效率低。自动板框压滤机可以减轻劳动强度。

任务四　认识本工段工艺流程

石灰-氨联合法生产镁系产品原料处理工段工艺流程见图 3-6。

水氯镁石在化卤池中加自来水进行溶解形成粗卤水，在溶解过程中会补充硫酸根离子。反应釜的结垢用硫酸进行清洗，适量洗水加入卤水中以补充硫酸根离子。控制粗卤中 Ca^{2+}含量小于 2g/L，Mg^{2+}含量在 100g/L 左右。粗卤水经细晶分离器进行固液分离将沉淀返回化卤池中与水氯镁石混合溶解，上清液到道尔顿沉降器进行沉降。泥浆送到泥浆罐中，沉淀后得到的浆液用压滤机过滤，滤液与上清液混合经一步压滤机和二步压滤机压滤，得到反应用的精卤。控制精卤中 Ca^{2+}含量小于 2g/L，Mg^{2+}含量在 100g/L 左右。

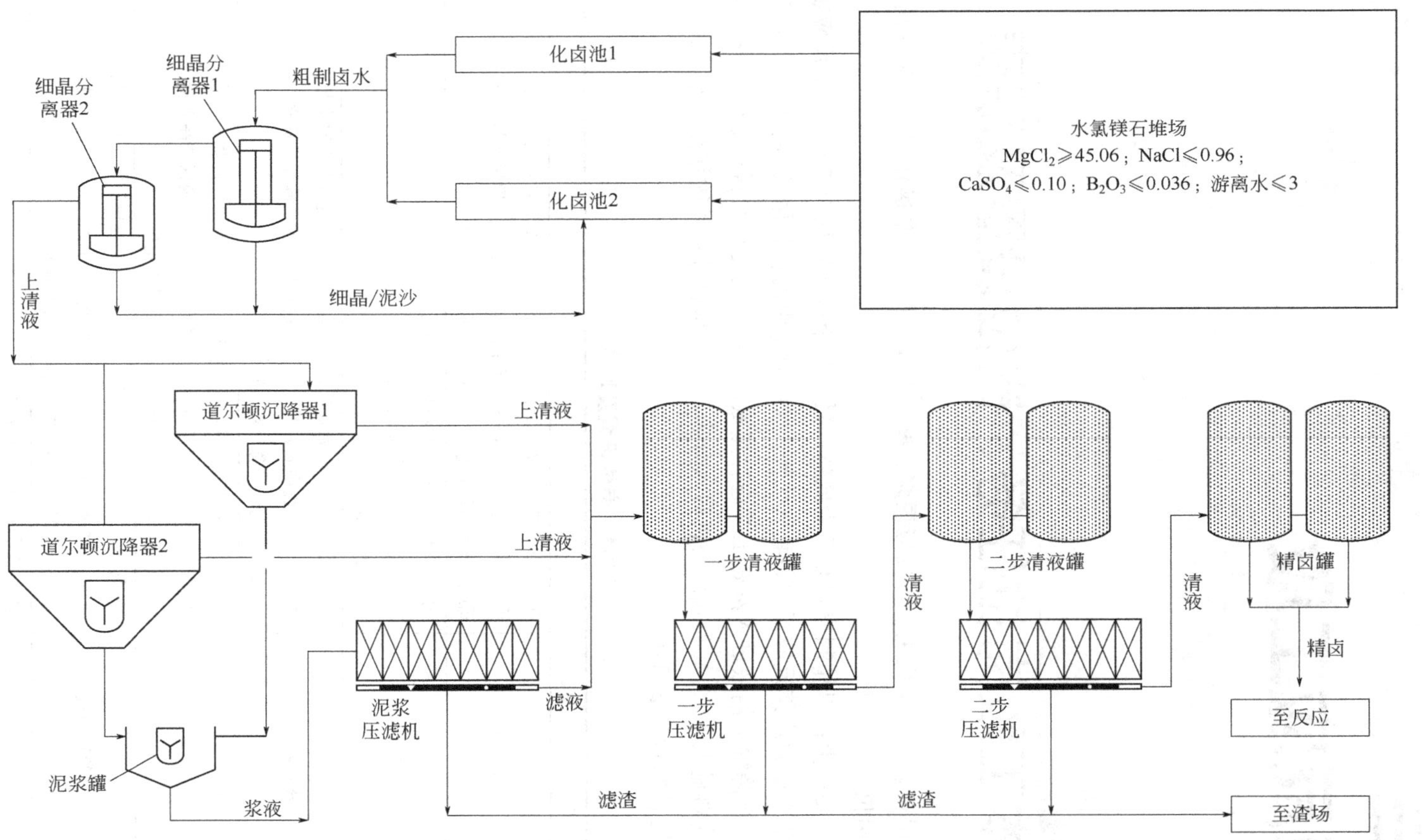

图 3-6　石灰-氨联合法生产镁系产品原料处理工段工艺流程图

项目三 认识反应工段

任务一 认识本工段岗位任务、岗位设置及职责

本工段岗位设置：反应主操、反应调浆、离心机操作岗、司泵操作岗、皮带输送岗、酸洗岗 6 个岗位。

本工段主要职责：以精制卤水和氨为原料，采用两个有效容积为 $70m^3$ 的主反应釜和副反应釜串联组成的连续反应器制备氢氧化镁，副反应釜中的物料用转料泵转入沉降罐进行沉降分离；沉降罐上清液进入蒸氨工序进行蒸氨，底部氢氧化镁浆料用渣浆泵泵入高位槽，高位槽物料进入 12 台虹吸式离心机脱水分离，半产品通过皮带输送至下游车间。

岗位设置及职责见表 3-1。

表 3-1 岗位设置及职责

序号	岗位	职责
1	反应主操	① 负责本岗位设备启、停，巡检等工作，发现异常及时上报； ② 在生产过程中做好与上下工序的衔接工作，确保产品质量； ③ 配合车间做好急、难、险、重临时性抢修工作
2	反应调浆	① 负责调浆过程中原料与水的量的控制； ② 负责调浆设备的安全操作； ③ 负责设备的检修及维修
3	离心机操作岗	① 负责本岗位设备启、停，巡检等工作，发现异常及时上报； ② 在生产过程中做好与上下工序的衔接工作，确保产品质量； ③ 配合车间做好急、难、险、重临时性抢修工作
4	司泵操作岗	① 负责本岗位设备启、停，巡检等工作，发现异常及时上报； ② 在生产过程中做好与上下工序的衔接工作，确保产品质量； ③ 配合车间做好急、难、险、重临时性抢修工作
5	皮带输送岗	① 负责本岗位设备启、停，巡检等工作，发现异常及时上报； ② 在生产过程中做好与上下工序的衔接工作，确保产品质量； ③ 配合车间做好急、难、险、重临时性抢修工作
6	酸洗岗	① 负责反应釜内部原料附着情况的检查； ② 负责酸洗所用酸浓度及酸用量的控制； ③ 配合车间做好急、难、险、重临时性抢修工作

任务二 了解本工段危险源及预防措施

反应工段主要危险源有：氨气、盐酸、高温、机械伤害等。

一、氨气

1. 氨的性质

标准状态下是无色气体，具有特殊的刺激性臭味。20℃下将氨气加压至0.8MPa时，液化为无色的液体。液氨或干燥的氨对大部分物质不腐蚀，在有水存在时，对铜、银、锌等金属有腐蚀。氨与空气或氧的混合物在一定浓度范围能发生爆炸，有饱和水蒸气存在时，氨-空气混合物的爆炸界限较窄。有催化剂存在时可被氧化成一氧化氮。氨可用于制液氮、氨水、硝酸、铵盐和胺类等。

2. 氨的危害

氨可由氮和氢直接合成而制得，能灼伤皮肤、眼睛、呼吸器官的黏膜，人吸入过多，能引起肺肿胀甚至死亡。

氨的刺激性是可靠的有害浓度报警信号。但由于嗅觉疲劳，长期接触后对低浓度的氨难以察觉。吸入是接触的主要途径，吸入氨气后的中毒表现主要有以下几个方面。

① 轻度吸入氨中毒表现有鼻炎、咽炎、喉痛、发音嘶哑。氨进入气管、支气管会引起咳嗽、咳痰、痰内有血。严重时会咳血及肺水肿，呼吸困难、咳白色或血性泡沫痰，双肺布满大、中水泡音。患者有咽灼痛、咳嗽、咳痰或咳血、胸闷和胸骨后疼痛等。

② 急性吸入氨中毒的发生多由意外事故如管道破裂、阀门爆裂等造成。急性氨中毒主要表现为呼吸道黏膜刺激和灼伤。其症状根据氨的浓度、吸入时间以及个人感受性等而轻重不同。

急性轻度中毒：咽干、咽痛、声音嘶哑、咳嗽、咳痰，胸闷及轻度头痛，头晕、乏力，支气管炎和支气管周围炎。

急性中度中毒：上述症状加重，呼吸困难，有时痰中带血丝，轻度发绀，眼结膜充血明显，喉水肿，肺部有干湿性啰音。

急性重度中毒：剧咳，咳大量粉红色泡沫样痰，气急、心悸、呼吸困难，喉水肿进一步加重，明显发绀，或出现急性呼吸窘迫综合征、较重的气胸和纵隔气肿等。

③ 严重吸入中毒：可出现喉头水肿、声门狭窄以及呼吸道黏膜脱落，可造成气管阻塞，引起窒息。吸入高浓度的氨可直接影响肺毛细血管通透性而引起肺水肿，可诱发惊厥、抽搐、嗜睡、昏迷等意识障碍。个别病人吸入极浓的氨气可导致呼吸心跳停止。

④ 皮肤和眼睛接触的危害表现：低浓度的氨对眼和潮湿的皮肤能迅速产生刺激作用。潮湿的皮肤或眼睛接触高浓度的氨气能引起严重的化学烧伤。急性轻度中毒症状有

流泪、畏光、视物模糊、眼结膜充血。皮肤接触可引起严重疼痛和烧伤，并能发生咖啡样着色。被腐蚀部位呈胶状并发软，可发生深度组织破坏。

高浓度氨气对眼睛有强刺激性，可引起疼痛和烧伤，导致明显的炎症并可能发生水肿、上皮组织破坏、角膜混浊和虹膜发炎。轻度病例一般会缓解，严重病例可能会长期持续，并伴有持续性水肿、疤痕、永久性混浊、眼睛膨出、白内障、眼睑和眼球粘连及失明等并发症。多次或持续接触氨会导致结膜炎。

3. 急救措施

① 清除污染：如果患者只是单纯接触氨气，并且没有皮肤和眼的刺激症状，则不需要清除污染。假如接触的是液氨，并且衣服已被污染，应将衣服脱下并放入双层塑料袋内。

如果眼睛接触或眼睛有刺激感，应用大量清水或生理盐水冲洗 20min 以上。如患者戴有隐形眼镜，又容易取下并且不会损伤眼睛的话，应取下隐形眼镜。

对接触的皮肤和头发用大量清水冲洗 15min 以上。冲洗皮肤和头发时要注意保护眼睛。

② 病人复苏：应立即将患者转移出污染区，至空气新鲜处，对病人进行复苏三步法（气道、呼吸、循环）。

气道：保证气道不被舌头或异物阻塞。

呼吸：检查病人是否有呼吸，如无呼吸可用袖珍面罩等提供通气。

循环：检查脉搏，如没有脉搏应施行心肺复苏。

③ 初步治疗：氨中毒无特效解毒药，应采用支持治疗。

如果接触浓度≥500ppm（500μL/L），并出现眼刺激、肺水肿的症状，应立即就医。

对氨吸入者，应给湿化空气或氧气。如有缺氧症状，应给湿化氧气。

如果呼吸窘迫，应考虑进行气管插管。

如皮肤接触氨，会引起化学烧伤，可按热烧伤处理：适当补液，给止痛剂，维持体温，用消毒垫或清洁床单覆盖伤面。如果皮肤接触高压液氨，要注意冻伤。

误服者给饮牛奶，有腐蚀症状时忌洗胃。

4. 泄漏应急处置措施

① 少量泄漏：撤退区域内所有人员。防止吸入氨气，防止接触液体或气体。处置人员应使用呼吸器。禁止进入氨气可能汇集的局限空间，加强通风，只能在保证安全的情况下堵漏。泄漏的容器应转移到安全地带，并且仅在确保安全的情况下才能打开阀门泄压。可用砂土、蛭石等惰性吸收材料收集和吸附泄漏物。收集的泄漏物应放在贴有相应标签的密闭容器中，以便废弃处理。

② 大量泄漏：疏散场所内所有未防护人员，并向上风向转移。泄漏处置人员应穿上全封闭重型防化服，佩戴好空气呼吸器，在做好个人防护措施后，用喷雾水流对泄漏区域进行稀释。通过水枪的稀释，使现场的氨气渐渐散去，利用防爆工具对泄漏点进行封堵。

向当地政府和“119”及当地环保部门、公安交警部门报警，报警内容应包括事故单位，事故发生的时间、地点，化学品名称和泄漏量、危险程度，有无人员伤亡以及报警人姓名、电话。

禁止接触或跨越泄漏的液氨，要防止泄漏物进入阴沟和排水道，增强通风。场所内禁止吸烟和明火。在保证安全的情况下，要堵漏或翻转泄漏的容器以避免液氨漏出。要喷雾状水，以抑制氨气或改变氨气云的流向，但禁止用水直接冲击泄漏的液氨或泄漏源。防止泄漏物进入水体、下水道、地下室或密闭性空间。禁止进入氨气可能汇集的受限空间。清洗以后，在储存和再使用前要将所有的保护性服装和设备清洗消毒。

5. 职业危害预防措施

① 氨作业工人应进行作业前体检，患有严重慢性支气管炎、支气管扩张、哮喘以及冠心病者不宜从事氨作业。

② 工作时应选用耐腐蚀的工作服、防碱手套、眼镜、胶鞋、防毒口罩，防毒口罩应定期检查，以防失效。

③ 在使用氨水作业时，应随身备有清水，以防万一；在氨水运输过程中，应随身备有 3%硼酸液，以备急救冲洗；配制一定浓度氨水时，应戴上护目镜；使用氨水时，作业者应在上风处，防止氨气刺激面部；操作时严禁用手揉擦眼睛，操作后洗净双手。

④ 预防皮肤被污染，可选用硼酸油膏。

⑤ 配备良好的通风排气设施，合适的防爆、灭火装置。

⑥ 工作场所禁止饮食、吸烟、明火。

⑦ 应急救援时，必须佩戴空气呼吸器。

⑧ 发生泄漏时，将泄漏钢瓶的渗口朝上，防止液态氨溢出。

⑨ 加强生产过程的密闭化和自动化，防止跑、冒、滴、漏。

⑩ 现场安装氨气监测仪，及时发现报警。

二、盐酸

1. 盐酸的性质

分子式：HCl，分子量：36.46，外观及性质：无色无臭透明液体，由于纯度不同，颜色有无色、黄色、棕色，有时呈浑浊状。熔点：−114.8℃（纯），相对密度（水=1）：1.20，相对密度（空气=1）：1.26，沸点（℃）：108.6（20%），溶解性：与水混溶。

2. 盐酸的危害

接触其蒸气或烟雾，可引起急性中毒，出现眼结膜炎，鼻及口腔黏膜有烧灼感，鼻衄，齿龈出血，气管炎等。误服可引起消化道灼伤、溃疡，有可能引起胃穿孔、腹膜炎等。眼和皮肤接触可致灼伤。

慢性影响：引起慢性鼻炎、慢性支气管炎、牙齿酸蚀症及皮肤损害。

3. 预防措施

迅速撤离泄漏污染区人员至安全区，并进行隔离，严格限制出入。建议应急处理人员戴自给正压式呼吸器，穿防酸碱工作服。不要直接接触泄漏物。尽可能切断泄漏源。少量泄漏：用砂土、干燥石灰或苏打灰混合，也可以用大量水冲洗，洗水稀释后放入废水系统。大量泄漏：构筑围堤或挖坑收容。用泵转移至槽车或专用收集器内，回收或运至废物处理场所处置。

4. 应急预案

① 进入重度区，人员实施一级防护；

② 进入轻度区，人员实施二级防护；

③ 凡在现场参与处置人员，最低防护不得低于三级；

④ 根据现场泄漏情况，研究制定堵漏方案，并严格按照堵漏方案实施；

⑤ 所有堵漏行动必须采取防腐、防毒措施，确保安全；

⑥ 关闭前置阀门，切断泄漏源。

三、高温

反应工段由于设备众多，反应体系复杂，特别是其中涉及许多高温反应流程，在反应过程中可能会有烫伤，所以在工作过程中应做好高温防护。车间常见的高温区域主要是反应釜，在设备操作过程中应注意安全。

1. 高温烫伤危害

灼烫伤造成局部组织损伤，轻者损伤皮肤，出现肿胀、水泡、疼痛；重者皮肤烧焦，甚至血管、神经、肌腱等同时受损，呼吸道也可烧伤，烧伤引起的剧痛和皮肤渗出等因素导致休克，晚期出现感染，出现败血症等并发症而危及生命。

2. 预防措施

工作人员做接触高温物体工作时，应按规定正确佩戴耐高温防护手套，穿防烫工作服和工作鞋，戴防护面罩、安全帽等防护用品。

对汽机锅炉热力管道和保温必须按照有关规定认真进行普查，不合格的应按要求及时更换。

3. 应急处置措施

① 冲：将被烫的部位用流动的自来水冲洗或是直接浸泡在水中，以便皮肤表面的温度可以迅速降下来。

② 脱：在被烫伤的部位充分浸湿后，再小心地将烫伤表面的衣物去除，必要时可以利用剪刀剪开，如果衣物已经和皮肤发生粘连的现象，可以让衣物暂时保留，此外，还必须注意不可将伤部的水泡弄破。

③ 泡：继续将烫伤的部位浸泡在冷水中，以减轻伤者的疼痛感。但不能泡得太久，应及时去医院，以免延误了治疗的时机。

④ 盖：用干净的布类将伤口覆盖起来，切记千万不可自行涂抹任何药品，以免引起伤口感染和影响医疗人员的判断与处理。

⑤ 医：尽快送医院治疗。如果伤势过重，最好要送到设有整形外科或烧烫伤病科的医院。

四、机械伤害

1. 机械性伤害

机械伤害主要指机械设备运动（静止）部件、工具、加工件直接与人体接触引起的夹击、碰撞、剪切、卷入、绞、碾、割、刺等形式的伤害。各类转动机械的外露传动部分（如齿轮、轴、履带等）和往复运动部分都有可能对人体造成机械伤害。

反应工段由于设备众多，有较多的传输以及电机设备，在设备运转期间容易带来危险。

2. 预防措施

（1）泵类设备

① 检查联轴器防护罩是否正常；

② 检查泵进出口阀门是否正常；

③ 检查联轴器、地脚螺栓等紧固件是否松动；

④ 严禁在泵高速运转时对其传动部件和旋转轴进行检查。

（2）皮带输送

① 检修设备是否正常；

② 声光信号失灵，及时修理，不随意停、开皮带，倒皮带；

③ 跨越皮带不走过桥；

④ 皮带老化要及时更换。

3. 应急处置措施

现场应急处置措施：

① 发生机械伤害后，现场负责人应立即报告生产调度室或应急救援小组，应急救援小组应立即拨打120救护电话与医院取得联系，详细说明事故地点、严重程度，派人员到厂区门口接应。在医护人员没有到来之前，应检查受伤者的伤势、心跳及呼吸情况，视不同情况采取不同的急救措施。

② 对被机械伤害的伤员，应迅速小心地使伤员脱离伤源，必要时，拆卸、割开机器，移出受伤的肢体。

③ 对发生休克的伤员，应首先进行抢救，遇有呼吸、心跳停止者，可采取人工呼吸或胸外心脏挤压法，使其恢复正常。

④ 对骨折的伤员，应利用木板、竹片和绳布等捆绑骨折处的上下关节，固定骨折部位；也可将其上肢固定在身侧，下肢与下肢缚在一起。

⑤ 对伤口出血的伤员，应让其以头低脚高的姿势躺卧，使用消毒纱布或清洁织物覆盖伤口上，用绷带较紧地包扎，以压迫止血，或者选择弹性好的橡胶管、橡胶带或三角巾、毛巾、带状布巾等。对上肢出血者，捆绑在其上臂1/2处，对下肢出血者，捆绑在其腿上2/3处，并每隔25～40min放松一次，每次放松0.5～1min。

⑥ 对剧痛难忍者，应让其服用止痛剂和镇痛剂。

⑦ 采取上述急救措施之后，要根据病情轻重，及时把伤员送往医院治疗，在送往医院的途中，应尽量减少颠簸，并密切注意伤员的呼吸、脉搏及伤口等情况。

4. 注意事项

① 由相关在场人员迅速切断机械电源。

② 将人员救出后，立即检查可能的伤害部位，进行止血。

③ 如有切断伤害，应寻找切断的部分。将其妥善保留。

④ 在急救中心医生到来之前，应尽最大努力，进行自救，以使伤害降低到最低点。在急救医生到来之后，应将伤员受伤原因和已经采取的救护措施详细告诉医生。

⑤ 注意保护好事故现场，便于调查分析事故原因。

任务三 认识本工段主要设备

一、反应釜

反应釜见图 3-7。

图 3-7　反应釜

1. 反应釜的作用

反应釜的作用是通过对参加反应的介质的充分搅拌，使物料混合均匀，强化传热效果和相间传质，使气体在液相中均匀分散，使固体颗粒在液相中均匀悬浮，使不相容的另一液相均匀悬浮或充分乳化。

2. 反应釜的设计要求

① 确定反应釜的结构形式和尺寸；

② 进行筒体、夹套、封头、搅拌轴等构件的强度计算；

③ 根据工艺要求选用搅拌装置；

④ 根据工艺条件选用轴封装置；

⑤ 根据工艺条件选用传动装置。

夹套式反应釜的结构如图 3-8 所示。

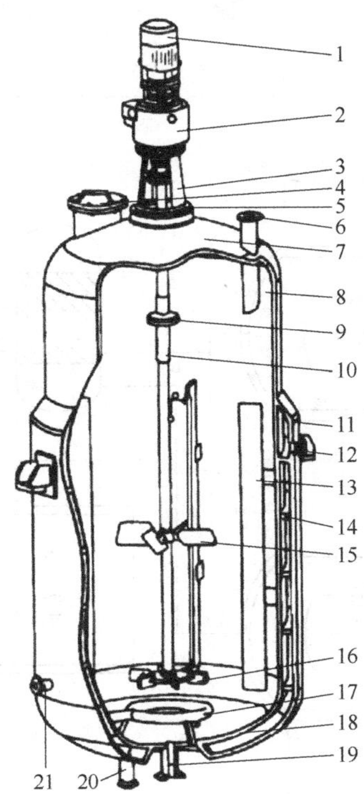

图 3-8　夹套式反应釜的结构图

1—电动机；2—减速器；3—机架；4—入孔；5—密封装置；6—进料口；7—上封头；8—筒体；9—联轴器；10—搅拌轴；11—夹套；12—载热介质出口；13—挡板；14—螺旋导流板；15—轴向流搅拌器；16—径向流搅拌器；17—气体分布器；18—下封头；19—出料口；20—载热介质进口；21—气体出口

二、道尔顿沉降器

道尔顿沉降器见图 3-3。

三、水平带式过滤机

相关内容见模块二项目三任务三。

任务四　认识本工段工艺流程

反应工段工艺流程见图 3-9。

原料处理工段过来的精制卤水储存在原料罐中，在泵的作用下分别输送到主反应釜 1 与主反应釜 2，同时向反应釜中充入一定浓度氨的水溶液，必要时向原料中补充纯水、氯化铵及氢氧化镁原粉。控制反应釜的温度及压力，$MgCl_2$ 在反应釜中与氨反应生成 $Mg(OH)_2$，其反应方程式为：

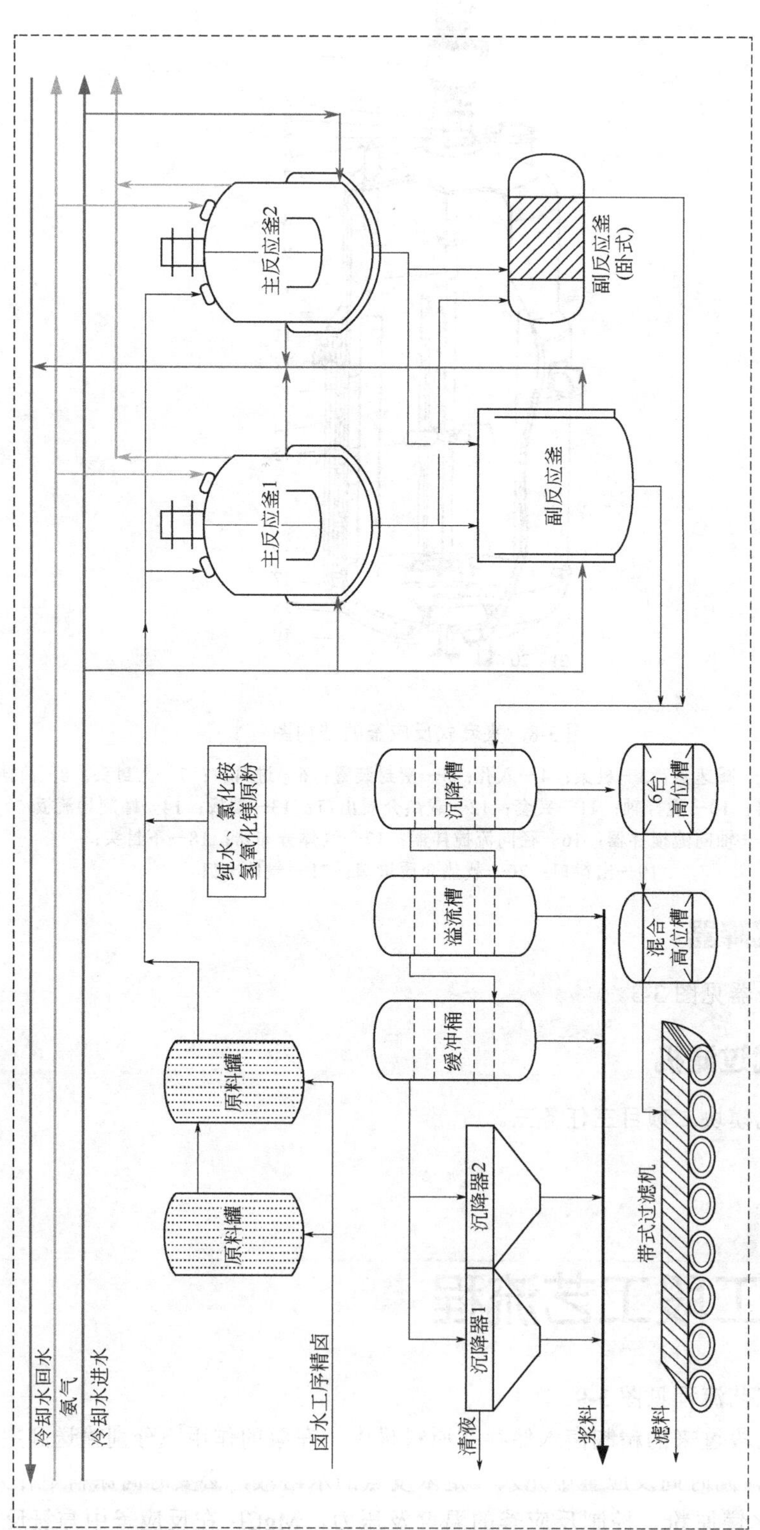

图 3-9　反应工段工艺流程图

$$MgCl_2 + 2NH_3 + 2H_2O \longrightarrow Mg(OH)_2 + 2NH_4Cl$$

反应后的浆料在两个副反应釜中继续反应，使 Mg^{2+}尽可能转化为 $Mg(OH)_2$ 沉淀。副反应釜中出来的浆料，在沉降槽的作用下使生成的 $Mg(OH)_2$ 沉淀与母液分离，母液进入溢流母液槽，沉淀通过高位槽输送到带式过滤机中。$Mg(OH)_2$ 沉淀在带式过滤机的作用下被洗涤和去除水分，得到 $Mg(OH)_2$ 湿物料。母液通过沉降器再次沉降后送入原料处理工段去溶解原料。由于过滤得到的母液中含有大量 NH_4Cl，因此送入蒸氨工段回收其中的游离氨与结合氨。

$Mg(OH)_2$ 湿物料经干燥后得到 $Mg(OH)_2$ 原粉，原粉经煅烧炉高温煅烧后分解成为 MgO 粉体。MgO 经电熔炉熔炼或高温烧结后得到电熔镁砂和烧结镁砂，从而得到一系列镁系产品。

项目四 控制镁系产品生产过程中的质量

任务一 控制原料处理工段质量

在原料处理工段的质量控制过程中，主要检测 $MgCl_2$ 主含量及杂质 Ca^{2+}、SO_4^{2-}，粗卤中的 Ca^{2+}、Mg^{2+}、SO_4^{2-} 和精卤中 Ca^{2+}、Mg^{2+}、SO_4^{2-} 的含量。

一、检测目的

（1）通过对水氯镁石中 $MgCl_2$ 主含量及杂质 Ca^{2+}、SO_4^{2-} 含量的检测，一方面可以把好原料水氯镁石的质量关，另一方面可以为卤水制备过程中 Ca^{2+}、SO_4^{2-} 加入量的控制提供参考依据。

（2）通过对粗卤水和精卤水中 Ca^{2+}、Mg^{2+} 及 SO_4^{2-} 的检测，可以为卤水浓度和卤水质量的管控提供依据，并为整个氢氧化镁生产过程稳定运行以及确保反应工段镁的转化率创造条件。

二、检测方法

1. 水氯镁石中杂质钙及主含量检测

称取 25g 水氯镁石样品置于 250mL 烧杯中，加水溶解，转移至 250mL 容量瓶中，加水稀释至刻度，摇匀，得到试验溶液 A。再取 25mL 试验溶液 A 至 250mL 容量瓶中，加水稀释至刻度，摇匀，得到试验溶液 B。

用量杯（筒）量取 50mL 试验溶液 A，滴定 Ca^{2+}，记录消耗 EDTA 标准溶液体积为 V_1，则水氯镁石中 Ca^{2+} 含量按下式计算：

$$\omega_{Ca^{2+}} = 8\times10^{-3} C_{EDTA} V_1 \times 100\%$$

取 5mL 试验溶液 B，滴定 Mg^{2+}，记录消耗 EDTA 标准溶液体积为 V_2，则水氯镁石中 $MgCl_2$ 主含量按下式计算：

$$\omega_{MgCl_2} = 4.0662 C_{EDTA}(V_2 - 0.01V_1)\times 100\%$$

备注：$\omega_{Ca^{2+}}$ 典型值为 0.2%，C_{EDTA} 为 0.02567mol/L，则 V_1=9.74mL；ω_{MgCl_2} 典型值为

96.5%，则 V_2=9.34mL。

2. 水氯镁石中杂质 SO_4^{2-} 含量检测

称取 100g 水氯镁石样品置于 250mL 烧杯中，加纯水搅拌溶解后稀释至 200mL，过滤、洗涤，合并滤液和洗液并转移至 500mL 的烧杯中，加水稀释至 500mL 刻度，加入 15%的氯化钡溶液约 15mL，边加边搅拌，生成硫酸钡沉淀，静置半小时，倒去上清液，再加入纯水对沉淀进行洗涤、澄清，倒去上清液，然后用砂滤器进行过滤、洗涤、烘干、称重，得到 $BaSO_4$ 质量为 m_{BaSO_4}，按下式计算 SO_4^{2-} 含量：

$$\omega_{SO_4^{2-}} = 0.00412\, m_{BaSO_4} \times 100\%$$

备注：若 m_{BaSO_4} 为 0.3g，则水氯镁石中 SO_4^{2-} 含量为 0.12%。

3. 粗卤水检测

从一步卤水罐中取卤水，量取 50mL 粗卤水置于 500mL 容量瓶中，用纯水稀释至刻度，摇匀，以此为试验溶液 A，检测其中的 Ca^{2+} 含量。另量取 50mL 试验溶液 A 至 500mL 容量瓶中，加水稀释至刻度，摇匀，得到试验溶液 B，用于检测卤水 Mg^{2+} 浓度，要求精制卤水 Mg^{2+} 浓度准确控制在(100±1)g/L 范围内。

用量杯（或量筒）量取 50mL 试验溶液 B，置于 250mL 锥形瓶中，加入 5mL 三乙醇胺溶液，摇匀，滴加 10mol/L 氢氧化钠溶液至 pH 值为 13 左右，加入少许钙指示剂，加至溶液变为酒红色，用 EDTA 标准溶液滴定至溶液由酒红色变为纯蓝色即为终点，记录消耗的 EDTA 标准滴定溶液体积为 V_3，精制卤水中 Ca^{2+} 含量按下式计算：

$$C_{Ca^{2+}} = 0.2 C_{EDTA} V_3 \qquad \text{(mol/L)}$$

或

$$C_{Ca^{2+}} = 8 C_{EDTA} V_3 \qquad \text{(g/L)}$$

另取移液管移取 5mL 试验溶液 B，置于 250mL 锥形瓶中，加入 30mL 纯水，摇匀，加入 10mL 氨-氯化铵缓冲溶液、10 滴铬黑 T 指示剂，用 EDTA 标准溶液滴定至溶液由紫红色变为纯蓝色即为终点，记录消耗的 EDTA 标准滴定溶液体积为 V_4，则镁离子浓度用下式进行计算：

$$C_{Mg^{2+}} = 20 C_{EDTA}(V_4 - 0.01 V_3)$$

或

$$C_{Mg^{2+}} = 486.2 C_{EDTA}(V_4 - 0.01 V_3)$$

4. 精卤水中杂质 SO_4^{2-} 含量检测

用量杯（筒）量取取 100mL 精制卤水置于 500mL 烧杯中，加纯水稀释至 500mL 刻度，加入 15%的氯化钡溶液约 15mL，边加边搅拌，生成硫酸钡沉淀，静置半小时，倒去上清液，再加入纯水对沉淀进行洗涤、澄清，倒去上清液，然后用砂滤器进行过滤、洗涤、烘干、称重，得到 $BaSO_4$ 质量为 m_{BaSO_4}，按下式计算精卤水中 SO_4^{2-} 含量：

$$C_{SO_4^{2-}} = 4.12 m_{BaSO_4}$$

备注：若 m_{BaSO_4} 为 0.4g，则精卤水中 SO_4^{2-} 含量为 1.65g/L。

任务二 分析检测反应工段溢流母液

一、检测目的

通过对反应工段沉降分离罐溢流母液中 Mg^{2+}、Cl^-、NH_4^+ 和游离 NH_3 物质的量浓度的分析和检测，可以准确确定反应工段氢氧化镁的转化率（简称镁转化率），同时可以大致了解溢流母液中游离氨浓度对镁转化率的影响规律，为生产过程其他技术参数的控制及氢氧化镁产出量的计算提供可靠的依据。

二、检测方法

1. 取样制样方法

从反应工段取溢流母液 100mL，用纯水稀释并转移至 1000mL 的容量瓶中，用水稀释至刻度后摇匀。此溶液作为分析检测 Mg^{2+}、Cl^-、NH_4^+ 和游离 NH_3 的试验溶液 A。

2. 游离 NH_3 浓度的测定

用移液管移取 10mL 试验溶液 A，置于 250mL 锥形瓶中，加入三滴溴甲酚绿-甲基红指示剂，用浓度约 0.1mol/L 的盐酸标准溶液滴定至红色，记录消耗的盐酸标准溶液体积为 V_1，则溢流母液游离氨浓度 C_{NH_3}（mol/L）按下式计算：

$$C_{NH_3} = C_{HCl}V_1$$

备注：C_{NH_3} 典型值为 1.6mol/L，C_{HCl} 为 0.1mol/L，则 V_1=16mL。

3. Ca^{2+}、Mg^{2+}浓度的测定

Ca^{2+}浓度的测定　用移液管移取 50mL 试验溶液 A，置于 250mL 锥形瓶中，加入 30mL 水、5mL 三乙醇胺溶液，摇匀后滴加 10mol/L 的氢氧化钠溶液，至 pH 值为 13 左右时，加入少许钙指示剂，溶液为酒红色，用浓度约 0.02567mol/L 的 EDTA 标准滴定溶液滴定至溶液由酒红色变为纯蓝色即为终点，记录消耗的 EDTA 标准溶液体积为 V_2，则溢流母液钙离子浓度按下式计算：

$$C_{Ca^{2+}} = 0.2C_{EDTA}V_2$$

备注：$C_{Ca^{2+}}$ 典型值 0.05mol/L（2g/L），C_{EDTA} 为 0.02567mol/L，则 V_2=9.74mL。

4. Mg^{2+}浓度的测定

用移液管移取 5mL 试验溶液 A，置于 250mL 锥形瓶中，加入 30mL 水、10mL 氨-氯化铵缓冲溶液以及十滴铬黑 T 指示剂，用约 0.02567mol/L 的 EDTA 标准溶液滴定至溶液由紫红色变为纯蓝色即为终点，记录消耗的 EDTA 标准溶液体积为 V_3，则溢流母液中钙、镁离子浓度之和按下式计算：

$$C_{Mg^{2+}} + C_{Ca^{2+}} = 2C_{EDTA}V_3$$

溢流母液中镁离子浓度为：

$$
\begin{aligned}
C_{Mg^{2+}} &= 2C_{EDTA}V_3 - C_{Ca^{2+}} \\
&= 2C_{EDTA}V_3 - 0.2C_{EDTA}V_2 \\
&= 2C_{EDTA}(V_3 - 0.1V_2)
\end{aligned}
$$

备注：$C_{Mg^{2+}}$典型值 0.6mol/L（14.59g/L），C_{EDTA}为 0.02567mol/L，V_2=9.74mL，则V_3=12.66mL。

5. NH_4^+浓度的测定

用移液管移取 5mL 试验溶液 A，置于 250mL 锥形瓶中。加入 30mL 水、5mL 浓度为 15%的 EDTA 溶液、三滴酚酞，用 2mol/L 的氢氧化钠溶液将溶液调至淡粉色，加入 10mL 浓度为 1∶1 的甲醛溶液，用浓度约 0.25mol/L 的氢氧化钠标准溶液将溶液滴定至淡粉色，记录消耗的氢氧化钠标准滴定溶液体积为 V_4，则溢流母液中 NH_4^+ 浓度按下式进行计算：

$$C_{NH_4^+} = 2C_{NaOH}V_4$$

备注：$C_{NH_4^+}$典型值 6mol/L，C_{NaOH}为 0.25mol/L，则 V_4=12mL。

6. Cl^-浓度的测定

用移液管移取 5mL 试验溶液 A，置于 250mL 锥形瓶中，加入 30mL 水、10 滴混合指示剂、用 0.05mol/L 的氢氧化钠溶液调至亮黄色（过量 10 滴），用浓度约 0.15mol/L 的硝酸汞标准滴定溶液将溶液滴定至紫色，记录消耗的硝酸汞标准溶液体积为 V_5，则溢流母液中 Cl^-浓度按下式进行计算：

$$C_{Cl^-} = 4C_{HgNO_3}V_5$$

备注：C_{Cl^-}的典型值为 6.8mol/L，C_{HgNO_3}为 0.15mol/L，则 V_5=11.33mL。

三、镁转化率的计算

1. Mg^{2+}、Cl^-法

用溢流母液中 Mg^{2+}、Cl^-浓度进行计算，计算方法如下：

$$镁转化率 = [(aC_{Cl^-} - 2C_{Mg^{2+}}) / aC_{Cl^-}] \times 100\%$$

式中，a 为校正系数，通过检测反应卤水中 Mg^{2+}和 Cl^-含量获得：$a = 2C_{Mg^{2+}} / C_{Cl^-}$，取平均值。

2. Mg^{2+}、NH_4^+法

用溢流母液中 Mg^{2+}、NH_4^+ 浓度进行计算，计算方法如下：

$$镁转化率 = [C_{NH_4^+} / (C_{NH_4^+} + 2C_{Mg^{2+}})] \times 100\%$$

3. NH_4^+、Cl^-法

用溢流母液中 NH_4^+、Cl^-浓度进行计算，计算方法如下：

$$镁转化率 = (C_{NH_4^+} / aC_{Cl^-}) \times 100\%$$

式中，a 为校正系数，获得方法与上述 Mg^{2+}、Cl^-法相同。

实训任务三
分析 Mg^{2+} 转化率降低原因

一、实训目的

1. 提高学生分析问题、解决问题的能力；

2. 提高学生进行滴定分析操作的能力。

二、实训准备

1. 场所

化学分析检测实验室。

2. 设备

滴定管、锥形瓶。

三、实训步骤

在反应工段取溢流母液进行检测，发现母液中残留 Mg^{2+} 含量超标，直接反映出的问题是产品产量有所损失，为解决此问题，进行如下实训。

（1）分析原料中 Mg^{2+} 含量，根据 Mg^{2+} 检测方法进行检测；

（2）取溢流母液检测 Mg^{2+} 含量，计算 Mg^{2+} 转化率；

（3）分析原因，制定解决方案；

（4）根据解决方案有序进行解决，并记录解决过程；

（5）学生汇报最终结论及本次实训所得所想。

四、实训评价

1. 学生自评

学生自评表见表 3-2。

表 3-2　学生自评表

评价内容	评分标准	得分
语言表达（20 分）	在与小组沟通过程中普通话标准，能清楚表达自己的想法	
小组合作（10 分）	在方案制定过程中，能集思广益，小组参与度高	
解决方案（20 分）	解决方案切实可行，具有一定的时效	
分析检测（40 分）	分析检测过程中，操作方法标准，所得结果准确	
汇报（10 分）	汇报时言语表达清楚，思路清晰	

2. 教师评价

教师评价表见表 3-3。

表 3-3　教师评价表

评价内容	评分标准	得分
知识与技能评价（80 分）	在与小组沟通过程中普通话标准，能清楚表达自己的想法	
	在方案制定过程中，能集思广益，小组参与度高	
	解决方案切实可行，具有一定的时效	
	分析检测过程中，操作方法标准，所得结果准确	
	汇报时言语表达清楚，思路清晰	
素质评价（20 分）	操作过程中体现团队合作精神，注重团队沟通及团队人员参与	

五、作业单

1. 上网查找青海西部镁业有限公司相关资料，结合该企业的生产工艺总结出主要工段名称及其岗位任务。

2. 总结主要产品名称，说出影响产品质量的杂质离子有哪些。

3. 总结生产中用到的主要设备名称及其作用，并绘制流程框图。

模块四

盐湖锂资源综合利用

知识目标

1. 掌握锂、锂化合物的物理化学性质。
2. 熟悉锂资源在众领域的应用。
3. 区分盐湖卤水提取锂工艺与矿石提取锂工艺。
4. 清楚盐湖卤水提锂的工艺方法。
5. 了解全球锂资源的开发概况。

技能目标

1. 能正确认识碳酸锂生产工艺的主要工段。
2. 根据碳酸锂生产工艺的学习，能够掌握盐湖卤水提锂的工艺方法。
3. 了解国内外锂资源的发展状况，提高专业学术水平。

素质目标

1. 深化工匠精神，提高专业知识储备的能力。
2. 培养学生谦虚谨慎、爱钻研、不耻下问的学习态度。
3. 培养学生爱家乡、爱祖国的情怀。

项目一
锂、锂化合物的基础知识储备

材料分析：

2016 年 8 月 22 日，习近平总书记视察青海首站走进察尔汗盐湖，了解盐湖股份公司的循环经济发展等情况，高度评价了盐湖五十八年的创业、创新、创优的历程，并发表重要讲话，强调“盐湖是青海最重要的资源。要制定正确的资源战略，加强顶层设计，搞好开发利用”。

锂是重要能源金属，是我国战略性矿产。锂是一种银白色质软碱金属，能较好地应用在电池领域。近年来，随着新能源汽车和锂电池的快速发展，锂受到了广泛关注，被我国列为战略性新兴产业矿产。从存在形式来看，主要为卤水锂和硬岩锂，其中卤水锂资源占比约为 60%。从资源量来看，锂资源分布不均，主要集中在南美三角区和澳大利亚，两地锂资源占全球总资源量的 65%。从品质来看，澳洲锂辉石和智利锂盐湖的品质较好。

上游锂矿产量集中于澳洲、智利和中国，澳洲锂辉石主导当前产量变化。近年来，澳大利亚、智利和中国蝉联全球产量前三，三国产量占全球总产量的 87.8%，其中澳大利亚一国就占到了 50%左右。未来在锂的战略重要性得到进一步重视的情况下，阿根廷和玻利维亚等地资源勘探开发进程加快，两国产量快速增长，将对全球锂矿产量形成新的贡献。

电池拉动中游锂盐需求，锂盐产能集中于中国，提锂技术及成本因资源而异。锂盐需求中电池需求占比最大，约占七成。作为正极材料的碳酸锂和氢氧化锂占据电池核心地位，是重要的锂盐产品。由于具备技术和成本优势，当前我国锂盐产能占全球总产能的七成左右。资源和提锂技术决定了提锂成本。从综合成本来看，不考虑税收等因素，锂盐湖最低，锂辉石次之，锂云母最高。未来盐湖将主要用来生产碳酸锂，而矿石则集中生产氢氧化锂。锂盐产能地域上将更加靠近资源地，国内产能占比或有所下降。

需求切换驱动锂盐行业高速成长，电动化开启超级周期，2023 年可能出现价格阶段性回落。需求结构从以传统需求为主变更为以电池需求为主，带领行业从传统行业切换至成长行业。从价格变化来看，需求端主导价格趋势性变化，供给端决定价格变化幅度。电动化时代锂盐行业将开启超级周期。长期来看，供给端无法追赶上需求端持续且强劲的增长，锂盐将出现长期且持续的供应短缺，对价格形成支撑。短期来看，2022 年，锂盐供应短缺，需求旺盛下价格保持高位；2023～2025 年，随着产能快速释放，供给将大于需求，价格出现阶段性回落，但很难出现 2019～2020 年的价格大幅下滑。

行业扩产热情高涨，资源争夺加剧，头部企业优势凸显。锂盐长期供应紧张凸显锂矿资源的战略重要性，中游锂盐厂商和下游电池、新能源汽车企业通过包销方式直接锁定上游锂矿资源。长期需求旺盛下，企业加强全球化资源布局以保证供应稳定。在澳洲锂辉石和智利锂盐湖资源基本锁定的情况下，企业多通过股权收购扩大资源布局。上下游垂直整合成趋势，高镍三元电池发展提升需求，企业加速布局氢氧化锂产线。行业整体呈现出寡头竞争的特征，市场集中度较高，头部企业资源集中。在行业高速发展的阶段，产能和成本成为企业提高市占率的核心竞争力。优质资源奠定企业优势，先进技术提高成本优势。拥有资源、产能、技术优势的龙头企业优势更加凸显。

从产业链上下游来看，锂行业的上游产业主要为天然矿产资源，从形态上可分硬岩锂和卤水锂两大类；中游产业主要是将上游矿产资源中的锂元素提取出来并形成锂化工产品，主要包括氢氧化锂、碳酸锂、氯化锂等；下游则是将中游生产出来的锂化工产品用于电池、陶瓷和玻璃、润滑剂等的生产制造，并应用于新能源汽车、消费电子、储能、航空、机械、医药等行业。

讨论：以上述材料为线索，查阅资料总结锂资源常见的存在形式。

由于具备高活性，锂在自然界中并不以单独元素的形式存在，只能以化合物形式存在。常见的形式有卤水锂和硬岩锂，其中卤水锂是全球锂资源的主要存在形式，主要以盐湖的形式存在。全球锂资源集中在南美和中国，据美国地质调查局的报告，全球已查明的锂资源量3400多万吨，金属锂储量1300多万吨，锂资源主要存在于盐湖和锂辉石、锂云母石盐矿床中。

任务一 掌握锂及锂化合物的基本性质

一、锂的基本性质

1. 物理性质

锂的物理性质见表4-1。

表4-1　锂的物理性质

中文名	锂	UN危险货物编号	1415
外文名	Lithium	发现人	阿尔费特逊
颜色状态	银白色的轻金属	莫氏硬度	0.6
分子量	6.941	元素符号	Li
CAS登录号	7439-93-2	原子序数	3
EINECS登录号	231-102-5	周期	第二周期
熔点	180℃	族	ⅠA族
沸点	1340℃	区	s区
水溶性	起反应	电子排布	$[He]2s^1$
密度	$0.534g/cm^3$	电负性	0.98（鲍林标度）
安全性描述	S8;S43;S45;S43C;S36/37/39;S26	原子半径	152pm
危险性符号	R14/15;R34	元素类别	碱金属元素

锂是目前所知金属中最轻的，硬度高于钠和钾，但比铅软，可用刀任意切割，延展性能良好，金属锂可溶于液氨。天然锂由 ^{6}Li 和 ^{7}Li 两种稳定同位素组成，丰度分别为7.42%和 92.58%，其中 ^{6}Li 受热中子照射时发生核反应，能产生氚，氚能用来进行热核反应。因此，^{6}Li 可用于核武器，也可作核聚变动力堆的核燃料。目前通过人工制备，已得到锂的四种放射性同位素 ^{5}Li、^{8}Li、^{9}Li、^{11}Li。

2. 化学性质

锂虽然在碱金属中是最不活泼的，但仍是一种比较活泼的金属，化合价为 1，与许多物质极易反应。

（1）锂在空气中很快就会与氧和二氧化碳反应生成碳酸锂：

$$4Li + O_2 + 2CO_2 \longrightarrow 2Li_2CO_3$$

（2）锂在氧气中燃烧则生成白色疏松的氧化锂：

$$4Li + O_2 \longrightarrow 2Li_2O$$

（3）锂在 500℃左右容易与氢气发生反应，生成白色的氢化锂。锂也是唯一能生成稳定的足以熔融而不分解的氢化物的碱金属。氢化锂非常活泼，它能和水发生激烈的反应并放出大量的氢气：

$$2Li（熔化）+ H_2 \longrightarrow 2LiH$$

$$LiH + H_2O \longrightarrow LiOH + H_2\uparrow$$

（4）锂还是唯一能和氮气在常温下反应的碱金属元素，反应生成黑色的 Li_3N 晶体，但反应较慢，加热至 450℃时便很快生成 Li_3N，Li_3N 遇水放出氨气：

$$6Li + N_2 \longrightarrow 2Li_3N$$

$$Li_3N + 3H_2O \longrightarrow 3LiOH + NH_3\uparrow$$

（5）锂极易溶于酸生成相应的盐并放出氢气，但锂的弱酸盐都难溶于水：

$$2Li + 2HCl \longrightarrow 2LiCl + H_2\uparrow$$

$$2Li + H_2SO_4（稀）\longrightarrow Li_2SO_4 + H_2\uparrow$$

（6）锂与 CO、CO_2、NH_3、H_2S 等气体反应生成相应的化合物：

$$2Li + 2CO \longrightarrow Li_2C_2 + O_2$$

$$2Li + 2CO_2 \longrightarrow Li_2C_2 + 2O_2$$

$$2Li + 2NH_3 \longrightarrow 2LiNH_2 + H_2$$

$$2Li + H_2S \longrightarrow Li_2S + H_2$$

（7）锂还易与 S、P、C、Si 等化合物发生反应，并能与卤素反应生成卤化锂：

$$2Li + S \longrightarrow Li_2S$$

$$3Li + P \longrightarrow Li_3P$$

$$2Li + 2C \longrightarrow Li_2C_2$$

$$2Li + X_2 \longrightarrow 2LiX（X 为卤素）$$

由于锂的化学性质非常活泼，因此必须把它储存在液体石蜡或者煤油中或以氩气为保护气的密闭容器中。

二、碳酸锂的基本性质

1. 物理性质

碳酸锂是一种无机化合物，化学式 Li_2CO_3，分子量 73.89，无色单斜系晶体。密度：2.1g/cm^3；熔点：618℃；沸点：1310℃；溶解度：微溶于水，且在冷水中的溶解度比热水大，溶于酸，不溶于乙醇和丙酮。

2. 化学性质

碳酸锂热稳定性低于周期表中同族其他元素的碳酸盐，空气中不潮解，可用硫酸锂或氧化锂溶液加入碳酸钠而得。其水溶液中通入二氧化碳可转化为酸式盐，煮沸发生水解。

（1）碳酸锂水溶液加热至沸点时开始部分分解成氧化锂和二氧化碳。

$$Li_2CO_3 \longrightarrow Li_2O + CO_2$$

（2）碳酸锂溶于酸。

$$Li_2CO_3 + 2H^+ = 2Li^+ + H_2O + CO_2$$

知识拓展

s 区元素中锂（Lithium）、钠（Sodium）、钾（Potassium）、铷（Rubidium）、铯（Cesium）、钫（Francium）六种元素被称为碱金属（alkali metals）元素。铍（Beryllium）、镁（Magnesium）、钙（Calcium）、锶（Strontium）、钡（Barium）、镭（Radium）六种元素被称为碱土金属（alkaline-earth metals）元素。锂、铷、铯、铍是稀有金属元素，钫和镭是放射性元素。

碱金属和碱土金属原子的价层电子构型分别为 ns^1 和 ns^2，它们的原子最外层有 1～2 个电子，是最活泼的金属元素。

除放射性元素外，其他碱金属和碱土金属的基本性质分别列于表 4-2 和表 4-3 中。

表 4-2　碱金属的基本性质

项目	锂	钠	钾	铷	铯
原子序数	3	11	19	37	55
价电子构型	$2s^1$	$3s^1$	$4s^1$	$5s^1$	$6s^1$
原子半径/pm	155	190	255	248	267
沸点/℃	1317	892	774	688	690
熔点/℃	180	97.8	64	39	28.5
电负性 X	1.0	0.9	0.8	0.8	0.7
电离能/kJ·mol^{-1}	520	496	419	403	376
电极电势 $E^\ominus(M^+/M)$/V	-3.045	−2.714	−2.925	−2.925	−2.923
氧化数	+1	+1	+1	+1	+1

表 4-3　碱土金属的基本性质

项目	铍	镁	钙	锶	钡
原子序数	4	12	20	38	56
价电子构型	$2s^2$	$3s^2$	$4s^2$	$5s^2$	$6s^2$
原子半径/pm	112	160	197	215	222
沸点/℃	2970	1107	1487	1334	1140
熔点/℃	1280	651	845	769	725

续表

项目	铍	镁	钙	锶	钡
电负性 X	1.5	1.2	1.0	1.0	0.9
第一电离能/$kJ \cdot mol^{-1}$	899	738	590	549	503
第二电离能/$kJ \cdot mol^{-1}$	1757	1451	1145	1064	965
电极电势 $E^{\ominus}(M^{+}/M)/V$	−1.85	−2.37	−2.87	−2.89	−2.90
氧化数	+2	+2	+2	+2	+2

碱金属原子最外层只有 1 个 ns 电子，而次外层是 8 电子结构（Li 的次外层是 2 个电子），它们的原子半径在同周期元素中（稀有气体除外）是最大的，而核电荷在同周期元素中是最小的，由于内层电子的屏蔽作用较显著，故这些元素很容易失去最外层的 1 个 s 电子，从而使碱金属的第一电离能在同周期元素中最低。因此，碱金属是同周期元素中金属性最强的元素。碱土金属的核电荷比碱金属大，原子半径比碱金属小，金属性比碱金属略差一些。

s 区同族元素自上而下随着核电荷的增加，无论是原子半径、离子半径，还是电离能、电负性以及还原性等性质的变化总体来说是有规律的，但第二周期的元素表现出一定的特殊性。例如锂的 $E(Li^{+}/Li)$反常小。

s 区元素的一个重要特点是各族元素通常只有一种稳定的氧化态。碱金属的第一电离能较小，很容易失去一个电子，故氧化数为＋1。碱土金属的第一、第二电离能较小，容易失去 2 个电子，因此氧化数为＋2。

在物理性质方面，s 区元素单质的主要特点是：轻、软、低熔点。密度最低的是锂（$0.53g/cm^3$），是最轻的金属，即使密度最大的镭，其密度也小于 5（密度小于 5 的金属统称为轻金属）。碱金属、碱土金属（除铍和镁外）的硬度也很小，其中碱金属和钙、锶、钡可以用刀切，但铍较特殊，其硬度足以划破玻璃。从熔、沸点来看，碱金属的熔、沸点较低，而碱土金属由于原子半径较小，具有 2 个价电子，金属键的强度比碱金属的强，故熔、沸点相对较高。

s 区元素是最活泼的金属元素，它们的单质都能与大多数非金属反应，例如极易在空气中燃烧。除了铍、镁外，都较易与水反应。s 区元素能形成稳定的氢氧化物，这些氢氧化物大多是强碱。

s 区元素所形成的化合物大多是离子型的。第二周期的锂和铍的离子半径小，极化作用较强，形成的化合物基本上是共价型的，少数镁的化合物也是共价型的，也有一部分锂的化合物是离子型的。常温下 s 区元素的盐类在水溶液中大都不发生水解反应。

任务二　了解锂及锂化合物的应用

锂是一种重要的战略性资源物质，是现代高技术产品不可或缺的重要原料，锂产品在高能电池、航空航天、核聚变发电等领域具有极为重要的作用，因此被誉为“推动世界前进的重要元素”和“高能金属”。经过近两个世纪的发展，锂及锂化合物已经在核能、冶金、医药、高能电池、玻璃和陶瓷、纺织、印染及国防工业等众多领域得到成功应用。

一、在核能工业中的应用

锂具有很大的中子俘获截面，是理想的氚增殖剂，还可以用作反应堆中的中子减速剂和辐射屏蔽材料或保护系统的控制棒。由于金属锂的液态工作温度范围大，蒸气压低，汽化热高，并且其密度小，黏度小，热导率和热容量大，所以在原子反应堆中利用锂作为传热介质，能简化释热元件的结构，减小冷却系统的体积和质量，是理想的热载体，冷却效果要比钠强四倍。

二、在冶金工业中的应用

在冶金工业中，可以利用锂能强烈地和 O_2、N_2、Cl_2、S 等物质反应生成密度小而熔点低的化合物，以除去熔融金属中的这些气体，使金属变得更致密，从而改善金属的晶粒结构，提高各种力学性能。锂还可以显著地降低炉渣的黏性，改善熔融矿浆的流动性，有利于促进不同组分物质的分离，既可以提高金属的回收率，又可以降低冶炼的费用。卤化锂可增加焊区熔融金属的流动性，并具有良好的助熔作用和很强的脱氧能力。因此，锂也用作金属或合金焊接的焊剂或助熔剂。此外，锂作为轻合金、超轻合金、耐磨合金及其他有色合金的重要组成部分，能大大改善合金性能。目前含锂的轻质高强度合金主要有铝锂合金、镁锂合金，见图 4-1。

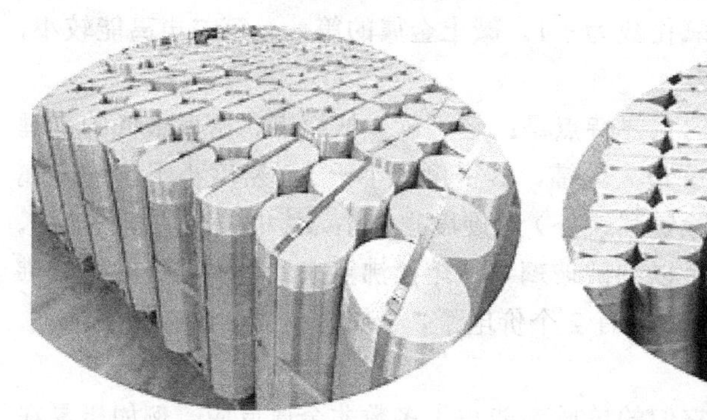

图 4-1　铝锂合金、镁锂合金

三、在医药行业的应用

金属锂可作为合成制药的催化剂和中间体，如合成维生素 A、维生素 B、维生素 D，合成肾上腺皮质激素、抗组胺药等，见图 4-2。临床应用证明锂对舞蹈症、美尼尔氏症、迟缓性运动障碍症、躁狂型精神病等病症有效。锂对骨髓会产生有利的刺激作用，可促进细胞、白细胞、血小板的增殖，对肿瘤患者“化疗”引起的白细胞减少等均有良好疗效。

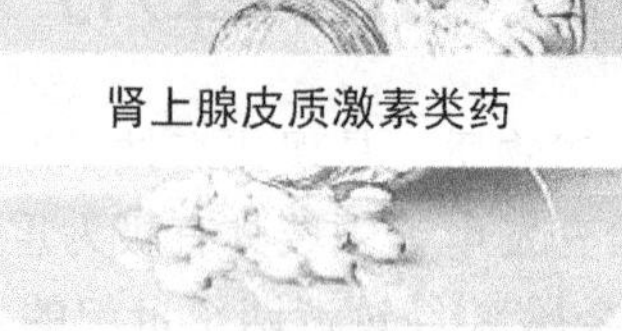

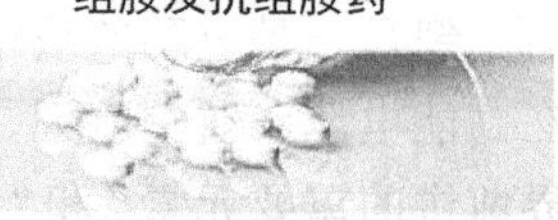

图 4-2　合成维生素、合成肾上腺皮质激素、抗组胺药

四、在高能电池中的应用

锂与其他物质比较具有以下特性：锂原子量小，理论电化当量值达 3.87g/(A·h)，是电极系列中最大的；电负性最低，标准电极电位为 −3.045V，也是电极系列中最大的；电阻低，导电性能好，利于电极的集流，质量轻，易获得较高的能量/质量比。所以锂电池在相同质量或体积下蓄积的电能为一般电池的 4～30 倍，电压高，自放电小，可长时间存放，无记忆效应，寿命长，可充放电的循环次数远大于 500 次，可快速充电等。另外锂电池的电压一般高于 3.0V，更适合作集成电路电源，所以现在锂电池已替代传统电池，广泛应用于计算机、数码相机、数码摄像机、手机等电子产品当中。目前，各国除研制和生产高比能量、小型轻便的锂电池外，还重点研制作为车辆动力和电能储存的二次锂电池。锂电池（图 4-3）由于响应迅速和容量可变性大，是有发展前途的储能装置之一。

图 4-3 锂电池

五、在玻璃和陶瓷工业中的应用

锂化合物最早的重要用途之一就是用于陶瓷和搪瓷制品的制作，特别是搪瓷制品，如图 4-4 所示。由于锂的离子半径小，离子电位高，因而对玻璃和陶瓷的助熔作用强。

图 4-4 搪瓷制品

在玻璃和搪瓷配料中加入适量的锂化合物，可有效降低熔化温度和熔体黏度，缩短熔化时间，增大熔体流动性，降低膨胀系数和脆性，提高强度，增强玻璃和陶瓷制品在外界环境冷热变化时自身状态的稳定性，提高其抗外界机械冲击和抗震强度，提高成品率、质量、炉龄及玻璃的使用寿命，改善玻璃、陶瓷和搪瓷表面光泽和光法度。总的来说，加入锂化合物可以提高陶瓷的耐热抗震性，减少皱缩现象，降低成品的孔隙度，改善产品的吸尘现象。还可降低搪瓷和陶瓷釉料的高温黏度、表面张力，利于气泡排出，增强陶瓷和搪瓷的耐酸碱及耐磨性。

六、在纺织、印染工业中的应用

在纺织工业中，锂化合物被用作聚合反应的酯交换催化剂和助催化剂，以改善聚酯纤维的染色性能，提高纤维的光滑度，改善喷丝性能，增强纤维耐磨性，消除纤维的静电行为，提高聚酯纤维产品的白度、热稳定性、透明度和平滑度。此外，锂化合物还被用作聚酯纤维生产的改性添加剂，对聚酯纤维的强度、悬垂性能、弹性、耐洗性、吸水性、染色牢固性等性能均有所改善和提高。

锂化合物应用在纺织品印染染料上，可提高染料的溶解度，改善染色性能。次氯酸锂在纺织品漂白方面优于过氧化物，它不会因为漂白而影响纺织品的拉伸强度。溴化锂作聚酯纤维免烫处理的添加剂可使纺织品避免脱色。另外，锂盐可作某些纺织品的阻燃剂使用。

七、在其他方面的应用

锂及锂化合物除上述应用之外，在其他很多方面还有很多应用。1kg 锂燃烧后可释放 42998kJ 的热量，因此锂是用来作为火箭燃料的最佳金属之一。若用锂或锂化合物制成固体燃料来代替固体推进剂，用于提供火箭、导弹、宇宙飞船的推动力，不仅能量高，燃速大，而且有极高的比冲量。氢化锂遇水会发生猛烈的化学反应，产生大量的氢气。1kg 氢化锂加水后可释放出 2800L 的氢气，是名不虚传的“氢气生产厂”。在常温下，溴化锂能强烈地吸收水蒸气，而在高温下释放水分。吸收式空调就是利用了溴化锂的这一特性，使水蒸发吸收热量而达到制冷的目的，而且具有可连续工作，工作时几乎无噪声和震动等优点。单水氢氧化锂最主要的用途是制作锂基润滑脂，与钠、钾、钙基类的润滑脂相比，锂基润滑脂具有良好的抗氧化、耐压、润滑性能，特别是工作温度范围宽，抗水性能好，在 60～300℃几乎不改变润滑脂的黏性，甚至在少量水存在时，仍然保持良好稳定性。正丁基锂是很重要的有机锂化合物，它主要在聚合反应中用作聚合催化剂、烃化剂，用于引发共轭二烯烃进行阴离子聚合。通过聚合途径，可以合成指定结构的线型、星型、嵌段接枝型、遥爪型等聚合物，也可用来制备低顺式聚丁二烯橡胶、异戊二烯橡胶、丁苯橡胶、液体橡胶、热固性树脂、涂料等。人类对锂的应用目前已有了良好的开端，但由于锂的生产工艺比较复杂，成本很高，所以还有很多尚未发现的领域等着我们去发掘。如果一旦解决了锂的大规模工业化生产的难题，锂的优良性能定将得到进一步的发挥，从而扩大它的应用范围。

任务探究

1. 阅读以下资料，完成相关问题。

1855 年，本生和马奇森采用电解熔化氯化锂的方法才制得锂，工业化制锂是在 1893 年由根莎提出的，锂从被认定是一种元素到工业化制取前后历时 76 年。电解氯化锂制取锂要消耗大量的电能，每炼 1t 锂就耗电高达六七万度。

工业上制备锂单质的方法有哪些？

2. 请学生们以小组为单位，查阅相关资料，总结工业中生产碳酸锂工艺的优势和劣势。

项目二 碳酸锂生产工艺

任务资讯

碳酸锂是生产二次锂盐和金属锂制品的基础材料，因而成为了锂行业中用量最大的锂产品，其他锂产品基本上都是碳酸锂的下游产品。碳酸锂的生产工艺根据原料来源的不同可以分为盐湖卤水提锂工艺和矿石提锂工艺。目前，国外主要采用盐湖卤水提锂工艺生产碳酸锂，我国则主要采用固体矿石提锂工艺。虽然我国也在积极开采盐湖锂资源，但由于技术、资源等因素的限制，开发速度相对缓慢。

一、矿石提锂工艺

矿石提锂主要是采用锂辉石、锂云母等固体锂矿石生产碳酸锂和其他锂产品。从矿石中提取锂资源的历史悠久，技术也较成熟，主要生产工艺有石灰烧结法和硫酸法，其中硫酸法是目前使用的主要方法，如图 4-5 所示。

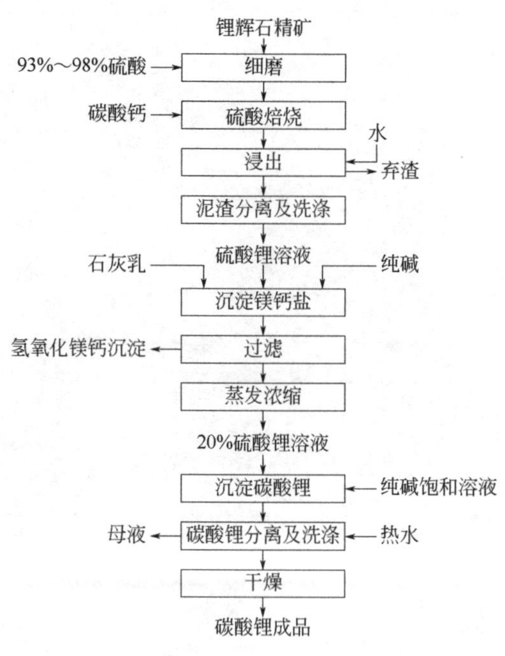

图 4-5　矿石提锂工艺

二、盐湖卤水提锂工艺

盐湖卤水提锂工艺是指从含锂的盐湖卤水中提取碳酸锂和其他锂盐产品。目前世界上采用的盐湖卤水提锂技术主要有沉淀法[碳酸盐沉淀法（图 4-6）、铝酸盐沉淀法、硼镁和硼锂共沉淀法]、煅烧浸取法（图 4-7）、碳化法、溶剂萃取法、离子交换法（图 4-8）等，其中溶剂萃取法和离子交换法还没有实现大规模工业化应用。

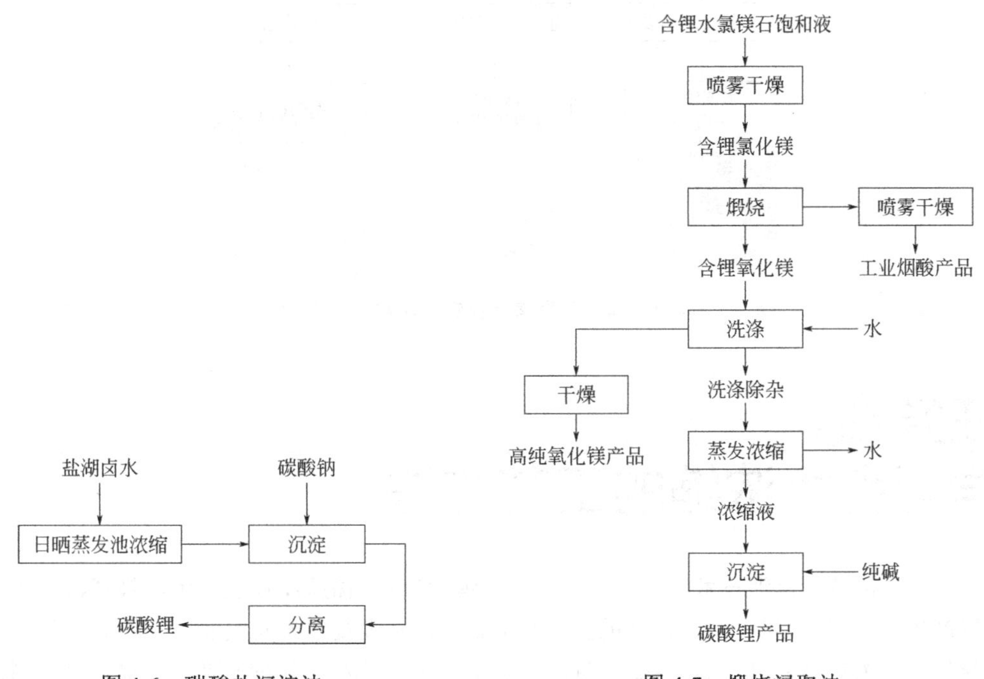

图 4-6 碳酸盐沉淀法

图 4-7 煅烧浸取法

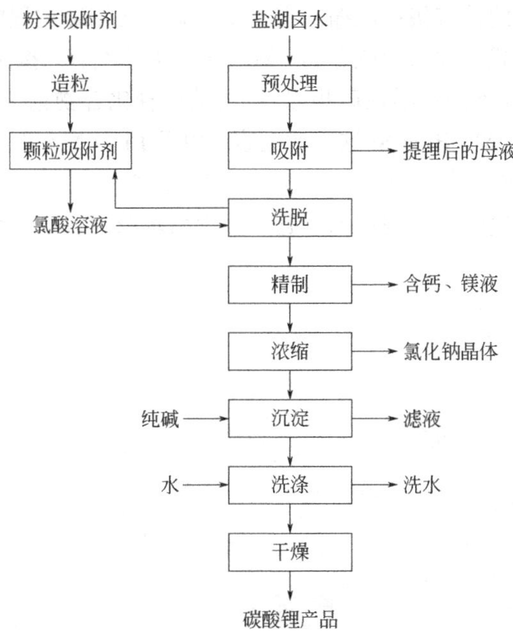

图 4-8 离子交换法

三、国内盐湖卤水提锂方法和生产企业

国内盐湖卤水提锂方法和生产企业如图 4-9 所示。

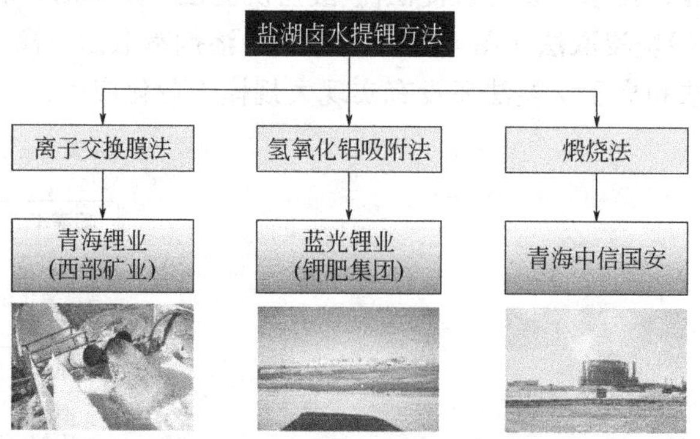

图 4-9　国内盐湖卤水提锂方法和生产企业

任务一 学习卤水浓缩的工艺方法

鉴于目前盐湖提锂技术的发展不仅改变了锂业市场的格局，而且对世界锂资源分布和配置产生了深刻的影响，锂及锂盐的生产目前都在向盐湖提锂方向发展。而卤水组成复杂，一般均含有大量 Na、K、B、Mg、Ca、Li 等离子的氯化物、硫酸盐及硼酸盐，且不同盐湖的组成有很大差异，因而各盐湖提锂所采用的生产工艺也不相同。锂在卤水浓缩过程中，按卤水体系的特点，有的被富集在浓缩的卤水中，有的在浓缩过程中随同其他盐类析出。卤水中的锂常以微量形式与大量的碱金属、碱土金属离子共存。按照元素周期表的斜线规则，处在斜线上的两种元素的化学性质相似，构成的同种化合物也基本有类似的化学性质，特别是 Li 与 Mg、Be 与 Al、B 与 Si 这三对元素。由于 Li 与 Mg 及其化合物的化学性质非常相似，而卤水中又普遍有高含量镁化合物的存在，使得从卤水中分离锂化合物的技术变得更加复杂，这是卤水提锂的关键技术难题。盐湖卤水浓缩现场如图 4-10 所示。

图 4-10　盐湖卤水浓缩现场

知识拓展

《从盐湖卤水中分离镁和浓缩锂的方法》是中国科学院青海盐湖研究所于 2003 年 12 月 20 日申请的发明专利，该专利的公布号为 CN1626443，专利公布日为 2005 年 6 月 15 日，发明人有培华、邓小川、温现民。

《从盐湖卤水中分离镁和浓缩锂的方法》将结合实例作进一步详述：将含有锂、镁等一价、二价阳离子和氯根、硫酸根和硼酸根等阴离子或由上述离子组成的盐田浓缩含锂老卤送入电渗析器的淡化室，该电渗析器由淡化室（脱盐室）、浓缩室和电极室组成。浓缩室和淡化室的端面装有一价阳离子选择性离子交换膜和一价阴离子选择性离子交换膜，电渗析器每个膜堆的膜对数为 1～500，阴极室和阳极室分别装有阴极和阳极。当送入电渗析器的淡化室的盐田日晒蒸发得卤水，含 Li^+浓度 0.02～20g/L，卤水呈湍流状态，确定并稳定控制电极工作电流值在 50～650A/m^2 范围内，使其误差稳定在±10A/m^2 范围内时，稳定控制电极工作电流值，锂离子以较快的速度由淡化室向浓缩室迁移，而镁和硼酸根、硫酸根离子的迁移速度相对要慢得多，锂离子在浓缩液中不断富集，而大部分镁、硼酸根和硫酸根离子则滞留在淡化液中。当初始淡化液中（Mg^{2+}/Li^+）镁锂比为 300∶1～1∶1 时，经过一价离子选择性电渗析过程，分离浓缩得到的富锂卤水浓缩液中镁锂质量比可降低到 10～0.1，浓缩液中的锂离子可富集到 200g/L，在此过程中卤水 Li^+的回收率≥80%，Mg^{2+}的脱除率≥95%，B^{3+}的脱除率≥99%，SO_4^{2-} 的脱除率≥99%。

［实例 1］

由矩形有机玻璃构成的电渗析器，10 个脱盐室，9 个浓缩室。一价离子选择性膜型号为 CMI-7000 和 AMI-7000。阳极材质为铂板，阴极为不锈钢板。进脱盐室原料卤水总盐浓度为 520g/L，其中含 6g/L Li^+，120g/L Mg^{2+}；进浓缩室初始液为 0.5M HCl；进电极室初始液为 0.5M NaCl。湍流状态，电流密度为 100A/m^2。脱盐液、浓缩液、电极液各自循环。分析脱盐液和浓缩液的 Li^+、Mg^{2+}浓度，并计算（Mg^{2+}/Li^+）Constr，结果见表 4-4。

表 4-4 实例 1（Mg^{2+}/Li^+）Constr 计算结果

项目	Li^+/（g/L）	Mg^{2+}/（g/L）	（Mg^{2+}/Li^+）Constr
脱盐液	1.2	112	94
浓缩液	5.6	11.8	2.1

从表 4-4 的结果看出，（Mg^{2+}/Li^+）Constr 为 2.1，可以直接用碱沉淀法制取碳酸锂。其中（Mg^{2+}/Li^+）Constr 为浓缩液中的 Mg^{2+}与 Li^+的浓度比。

［实例 2］

紧固型小型电渗析装置由 50 个脱盐室和 51 个浓缩室构成，一价离子选择性膜型号为 CMS 和 ACM。阳极材质为钛涂钌板，阴极为钛涂钌板或不锈钢镀锌板。进脱盐室原料卤水总盐浓度为 510g/L，其中含 6g/L Li^+，108g/L Mg^{2+}；进浓缩室初始液为自配液；进电极室初始液为 0.5M Na_2SO_4。脱盐液室内线速度为 8cm/s，电流密度为 100A/m^2。脱盐液、浓缩液、电极液各自循环。分析脱盐液和浓缩液的 Li^+、Mg^{2+}浓度，并计算（Mg^{2+}/Li^+）

Constr，结果见表 4-5。

表 4-5　实例 2（Mg^{2+}/Li^{+}）Constr 计算结果

元素	脱盐液/（g/L）	浓缩液/（g/L）
Li	0.68	4.56
Mg	100.28	9.28
Na	0.32	2.21
B	10.42	0.34
SO_4	29.38	0.08

从表 4-5 的结果看出，计算的（Mg^{2+}/Li^{+}）Constr 为 2.0，可以直接用碱沉淀法制取碳酸锂。计算的（Na^{+}/Li^{+}）Constr 为 0.49，（B^{2+}/Li^{+}）Constr 为 0.075，（SO_4^{2-}/Li^{+}）Constr 为 0.018。其中（Na^{+}/Li^{+}）Constr 为浓缩液中的 Na^{+}与 Li^{+}的浓度比，（B^{2+}/Li^{+}）Constr 为浓缩液中的 B^{2+}与 Li^{+}的浓度比，（SO_4^{2-}/Li^{+}）Constr 为浓缩液中的 SO_4^{2-}与 Li^{+}的浓度比。

任务二 学习盐湖卤水提锂的工艺方法

纵观国内外盐湖卤水提锂的工艺方法，归纳起来主要有沉淀法、溶剂萃取法、离子交换吸附法、碳化法、煅烧浸取法、许氏法和电渗析法等。其中碳化法是在传统沉淀法的基础上采用碳化除钙、镁离子，从而实现钙、镁及锂离子的有效分离。

一、碳化焙烧法

碳酸锂生产工艺流程是将锂精矿进行转型焙烧、酸化焙烧、浸取、净化处理、浓缩处理、沉锂处理、清洗、干燥处理、粉碎、包装加工而成，具有产品质量稳定、生产工艺简单、充分利用资源、成本低等特点，适宜锂离子电池原材料的生产应用。

1. 基本原理

铝酸钠稀溶液与二氧化碳反应，形成无定形氢氧化铝，它对卤水中的锂具有高效选择沉淀作用，形成 $LiCl \cdot 2Al(OH)_3 \cdot nH_2O$ 的复合物，从而达到分离回收锂的目的。所得含锂沉淀物，经焙烧浸取获得氯化锂溶液和氧化铝，后者与纯碱反应生成铝酸钠，可循环使用，氯化锂溶液去除杂质后可制取碳酸锂。该法对各种卤水的适用范围较广。

碳化焙烧法提锂共分四个工序，即碳化沉淀、焙烧浸取、成品以及铝渣回收等工序。各工序主要化学反应如下所述：

（1）碳化、沉淀工序

$$2NaAlO_2 + CO_2 + 5H_2O \longrightarrow 2[Al(OH)_3 \cdot H_2O] + Na_2CO_3$$

$$2NaOH + CO_2 \longrightarrow Na_2CO_3 + H_2O$$

$$Na_2CO_3 + CO_2 + H_2O \longrightarrow 2NaHCO_3$$

碳化时生成的活性氢氧化铝可与卤水中的 LiCl 生成 $LiCl \cdot 2Al(OH)_3 \cdot nH_2O$ 的复合

物，从而与母液中的其他离子分离。

（2）焙烧浸取工序 铝锂沉淀物经 400～450℃焙烧 30min，用水浸取生成氯化锂和铝渣。

（3）成品工序

除硼镁： $Ca(OH)_2 + MgCl_2 \longrightarrow CaCl_2 + Mg(OH)_2$

除钙： $Na_2CO_3 + CaCl_2 \longrightarrow 2NaCl + CaCO_3$

沉淀碳酸锂： $Na_2CO_3 + 2LiCl \longrightarrow 2NaCl + Li_2CO_3$

（4）铝渣回收

$$Al_2O_3 \cdot H_2O + Na_2CO_3 \longrightarrow Na_2O \cdot Al_2O_3 + CO_2 + H_2O$$

$$Na_2O \cdot Al_2O_3 + H_2O \longrightarrow 2NaAlO_2 + H_2O$$

2. 工艺流程

碳化焙烧法制取碳酸锂的工艺流程如图 4-11 所示。

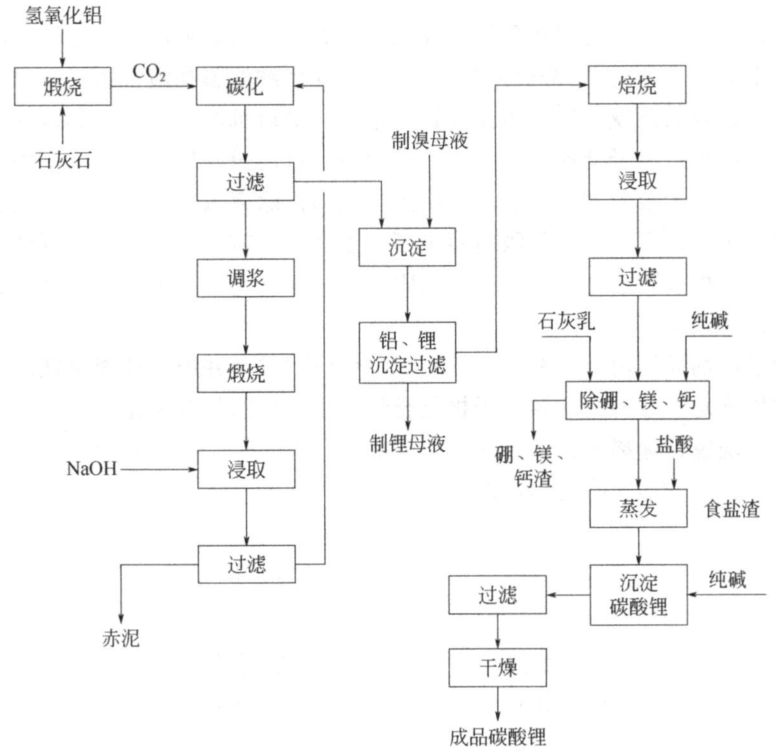

图 4-11 碳化焙烧法制取碳酸锂的工艺流程

将 5%～10%的铝酸钠溶液充分搅拌，通入含二氧化碳（含量为 40%）的石灰窑气，反应 10～15min，经检验确定碳化反应完全后，放料过滤及洗涤，回收碳酸钠（78g/L），滤饼为无定形氢氧化铝，供沉淀锂时使用。在沉淀槽中将卤水加热至 98℃，按铝锂质量比 12，加入无定形的氢氧化铝，搅拌反应 2～3h，料浆过滤及洗涤，滤饼为铝锂沉淀物，送往下一工序，滤液供提取其他成分。锂的沉淀率为 95%～98%。然后将铝锂沉淀物置于砖窑中于 400℃焙烧 0.5h，烧成物用水浸取 10min，再经过过滤及洗涤，滤饼送往铝渣回收工序，滤液送去制取碳酸锂。锂的焙烧浸取率为 87%～95%，浸取液含锂离子 4.8g/L。将浸取液略微蒸发浓缩后，于 90℃加入计量的石灰乳除镁、铝、硼等，然后加入碳酸钠除钙，分离形成硼、钙、镁渣后，滤液加盐酸调 pH 至 5～6，蒸发使锂浓度达 30g/L，再加氢氧化钠调 pH 至 8～11，过滤除去食盐。母液用水稀释至含锂为 18～20g/L 时，在沸腾条件下加入摩尔分数为 20%的碳酸钠溶液用以沉淀碳酸锂，过滤并用沸腾水洗涤后，经烘干即为碳酸锂产品。沉淀碳酸锂后的母液可循环使用，产品纯度在 98.5%以上。

由焙烧浸取工序回收的水合氧化铝（铝渣）与氢氧化铝混合，加入碳酸钠［Na_2O/（Al_2O_3+Fe_2O_3）摩尔比为 1.07］于温度 1100～1200℃的煅烧炉中反应 2h，形成铝酸钠，物料出炉稍冷后移入浸取槽，用摩尔分数为 30%的氢氧化钠溶液浸取（Na_2O/Al_2O_3 摩尔比为 0.3），于 95℃搅拌浸取 30min 后，进行热过滤，滤饼为赤泥，滤液及洗水为铝酸钠溶液，可返回碳化工序，铝的回收率达 95%以上。碳化沉淀法所需原料较为节省，流程中碳酸钠和铝酸钠可回收使用，在生产过程中只补充损失部分，但其流程较长。

二、离子交换吸附法

离子交换吸附法目前主要是蓝科锂业在青海察尔汗盐湖使用。该方法的原理是采用选择性吸附剂吸附 Li^+，再用洗脱液将 Li^+洗脱后使用纳滤膜在酸性条件下除镁，经过反渗透浓缩、盐田自然蒸发浓缩后得到高锂合格液，最后沉淀、过滤得到碳酸锂产品。

吸附剂性能决定离子交换吸附法工艺的效率，目前投入使用的吸附剂种类多样。该工艺的核心环节在于吸附剂的性能，吸附剂要能够排除卤水中大量共存的碱金属，选择性地吸附卤水中的锂离子，并且吸附容量高、强度大。常用的锂吸附剂可分为有机吸附树脂吸附剂、无机吸附剂两大类，无机吸附剂又可分为离子筛吸附剂、铝盐吸附剂、天然矿物吸附剂等类型。

离子筛吸附剂最早由苏联在 20 世纪 70 年代研制成功并用于盐湖提锂。该离子筛吸附剂的基本原理是将目的离子导入无机化合物中生成新的复合氧化物，在保持晶体结构不变的前提下洗脱目标离子，得到缺少目的离子孔隙的化合物，从而实现对目标离子的选择性吸附。锂离子筛吸附过程如图 4-12 所示。

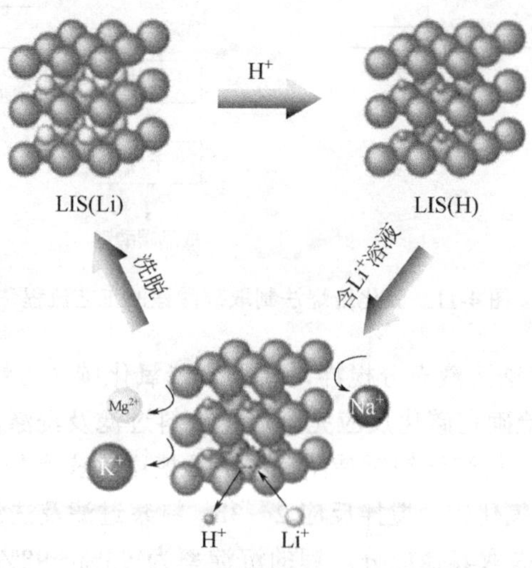

图 4-12　锂离子筛吸附过程

根据氧化物的类型，离子筛吸附剂又可分为锰系离子筛和钛系离子筛。锰系离子筛中尖晶石结构的 λ-MnO_2 具有三维网络离子隧道，Li^+ 更容易嵌入形成更合适的结晶结构，使其对 Li^+ 具有特殊的吸附效应。关于 Li^+ 在锰系离子筛尖晶石结构中嵌入、脱出原理的解释主要有氧化还原机理、离子交换机理和二者复合机理，但是并不能全面解释锰系离子筛的所有性能。

锰系离子筛的优势在于吸附量、对 Li^+ 的选择性和稳定性，劣势在于锰溶损问题严重，并且吸附容量随时间降低，循环性能不佳，改进方向主要是掺杂改性。

钛系离子筛是为了解决锰系离子筛锰溶损问题而提出的，钛氧化物的稳定性更佳，可以改善溶损现象。钛系离子筛通常以 TiO_2 或者 $Ti(OC_4H_9)_4$ 为钛源，LiOH、Li_2CO_3 或 CH_3COOLi 为锂源，经高温固相或水热/溶剂热、溶胶-凝胶技术反应生成前驱体（图 4-13），再用酸洗脱置换出 Li^+ 制备得到。钛系离子筛性质稳定、溶损低、耐酸性好、吸附容量大，但是由于多是粉末状，渗透率和吸附速率较低，而且吸附周期长，钛系离子筛成型造粒后吸附容量会大幅降低，今后钛系离子筛的研究方向是解决造粒成型后吸附容量稳定性的问题。

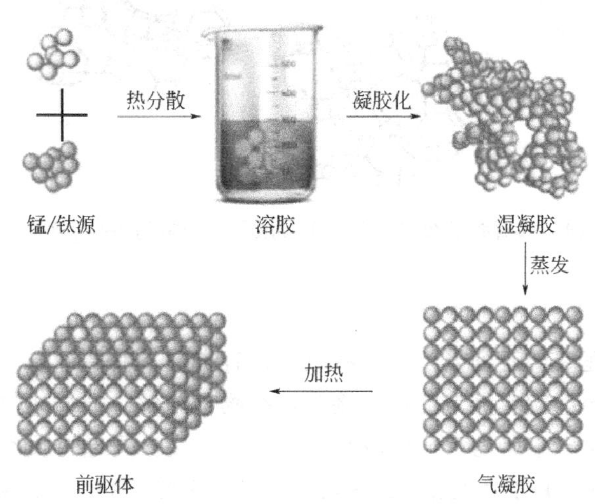

图 4-13 溶胶-凝胶技术反应生成前驱体过程

铝盐吸附剂是蓝科锂业在察尔汗盐湖使用的吸附剂类型，其由铝盐沉淀法发展而来，核心是合成对 LiCl 具有选择性吸附能力的 $LiX \cdot 2Al(OH)_3 \cdot nH_2O$（X 代表阴离子，通常是 Cl^-）。蓝科锂业铝盐吸附剂的制备、吸附和脱附原理如下：

制备：$$LiOH+Al(OH)_3 \longrightarrow LiOH \cdot 2Al(OH)_3 \cdot nH_2O$$

酸化生成：$LiCl \cdot 2Al(OH)_3 \cdot nH_2O$

吸附：$LiCl_{(1-x)} \cdot 2Al(OH)_3 \cdot nH_2O + xLiCl \longrightarrow LiCl \cdot 2Al(OH)_3 \cdot nH_2O$

脱附：$LiCl \cdot 2Al(OH)_3 \cdot nH_2O + H_2O \longrightarrow LiCl_{(1-x)} \cdot 2Al(OH)_3 \cdot nH_2O + xLiCl$

铝盐吸附剂不是粉末状，因此优势在于不存在成型问题，损耗小且循环次数多，选择性优良，但是吸附容量小，未来的改进重点是降低成本、增大吸附容量。

天然矿物改性吸附剂的特殊结构决定优良的吸附性能，未来发展方向是尖晶石结构前驱体的合成。天然高岭土、沸石等黏土矿物中存在空旷结构，内部有大量孔隙，例如沸石经初级结构单元组合后形成了多孔道笼状结构（图 4-14），具有孔隙，天然高岭土和沸石这类矿物铝含量高，含有水分和阳离子，改性后的高岭土和沸石具有很高的阳离子交换容量和比表面积，因此对重金属有良好的吸附性，循环利用率较高，近年来已经出现了对于高岭土等黏土矿物用于提锂的研究，可用这类黏土矿物和水合氢氧化锂、硝酸锂等锂的化合物进行离子筛前驱体的合成，吸附工艺简便，耗能更少，但是天然矿物的选取要依据盐湖附近资源量进行成本计算。未来应重点关注天然矿物的选取和机理的探索、矿物改性后成型造粒问题以及具有尖晶石结构前驱体的合成。

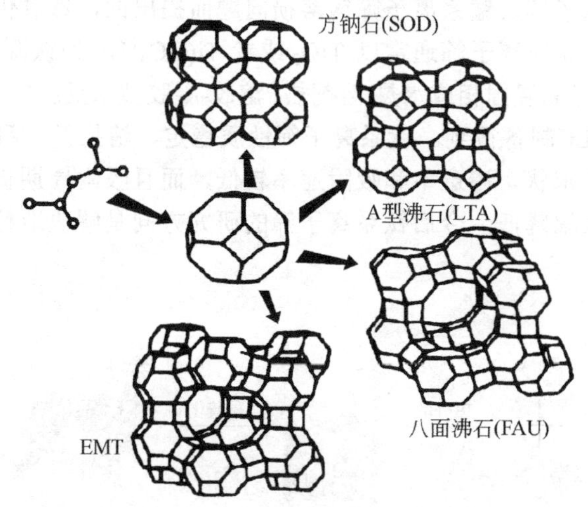

图 4-14　沸石经初级结构单元组合成不同类型的多孔道笼状结构

三、溶剂萃取法

盐湖卤水中的锂离子还可以用溶剂萃取法进行提取，其原理是相似相溶，将与卤水不互溶且密度不小于水的有机溶剂混合接触，在物理溶解、分离或化学反应（配合物、螯合物）作用下将卤水中所需组分萃取转移到有机相中，再通过反萃取将所需组分从有机溶剂中萃取到水相。目前常见的 Li^+萃取体系包括中性 TBP/$FeCl_3$/MIBK 萃取体系、冠醚类化合物、β-双酮类、离子液体等。

溶剂萃取法环保成本高，产能规模较小，适用于高镁锂比盐湖提锂，但是有机溶剂有毒有害的问题导致环保成本上升，所以溶剂萃取法提锂并没有得到大规模的使用，产能也较小，目前该方法主要是青海柴达木兴华锂盐有限公司在大柴旦盐湖使用，公司已拥有盐湖提锂萃取技术专利，该萃取体系包括离子液体、共萃剂和稀释剂，其中离子液体为含萃锂功能性基团的吡咯类六氟磷酸盐离子液体，稀释剂为溶剂汽油、磺化煤油、石油醚，该萃取体系可避免使用协萃剂三氯化铁，因而无需调卤水的 pH，每生产 1t 氯化锂，至少可节约 5t 工业盐酸及 2t 氢氧化钠，大大降低了生产成本，工艺方面减少了皂化工序、洗酸工序及除铁工序，因而更易于工业化大规模生产。

四、膜法

盐湖提锂的膜法技术路线包括电渗析膜、纳滤膜两种方法。电渗析膜技术最早用于海水淡化，21 世纪初开始用于盐湖卤水中的镁锂分离，其技术原理是使用交替放置的阳离子和阴离子交换膜，阳离子在电场作用下通过阳离子交换膜，而阴离子通过阴离子交换膜迁移到电极上，单价阳离子（例如 Li^+、Na^+、K^+）通过单价选择性阳离子交换膜迁移到浓缩室，而二价阳离子（例如 Ca^{2+}、Mg^{2+}）被阻挡，留在脱盐室，从而达到镁锂分离的目的。电渗析过程如图 4-15 所示。

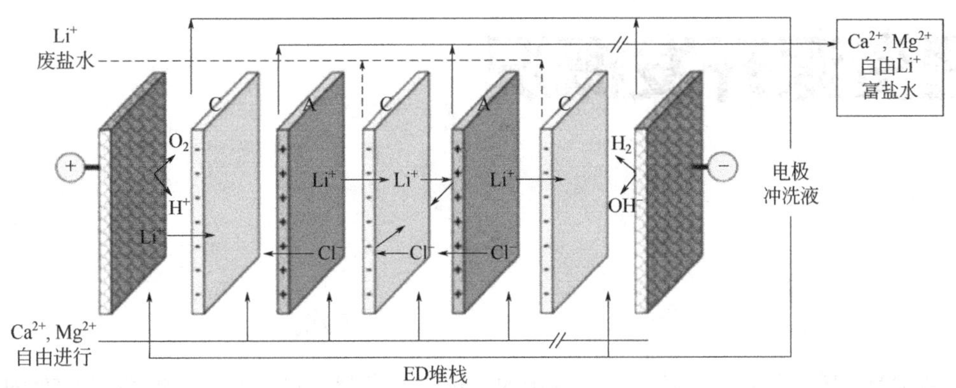

图 4-15　电渗析过程示意图

目前国内电渗析膜技术主要是青海锂业有限公司在东台吉乃尔盐湖使用，实际生产中发现电场作用下会产生 H_2 和 OH^-，产生的 $Mg(OH)_2$ 沉淀会覆盖离子交换膜，影响电渗析效率，因此需要经常拆洗膜，维护成本较高。

纳滤膜法的原理是使用纳滤膜截留二价及以上的金属阳离子，一价的 Li^+和 Na^+可以通过，就可以将提钾老卤中的 Li^+和 Mg^{2+}分离。纳滤膜法适用于镁锂比低于 30 的盐湖卤水，在镁锂比大于或等于 30 的盐湖中需要将纳滤膜法与吸附法或电渗析膜技术相结合。目前青海恒信融锂业科技有限公司使用纳滤膜法生产电池级碳酸锂。

除了无机吸附剂，有机吸附树脂也是可行的吸附剂材料。吸附分离树脂是功能高分子材料的一种，可以通过自身具有的精确选择性，以交换、吸附等功能实现浓缩、分离、精制、提纯、净化等物质分离和纯化的目的，其优势在于吸附能力和精确选择性兼备。

吸附分离树脂合成工艺较为复杂，需要分别将油相原料和水相原料混合处理后进行聚合、提取等，相应产生废水、固体废物的环节较多，部分有机原材料有毒有害，增加了环保处理成本。

各种锂吸附剂的发展方向基本都包括吸附容量的提升、溶损率的降低、循环次数的提高等，对于高镁锂比盐湖而言，吸附剂性能将影响镁、锂的有效分离和锂离子的有效富集，进而影响工艺成本和产品纯度，对于吸附剂性能的提升将是盐湖提锂技术发展的重要课题。

任务探究

请你查阅青海盐湖蓝科锂业股份有限公司的相关资料，以小组为单位，探究蓝科锂业有限公司生产碳酸锂的工艺方法，并完成以下任务：

1. 说出该公司采用的工艺方法名称。
2. 请你绘制此方法的工艺流程，并叙述其工艺流程。

项目三 锂资源开发概况

任务资讯

锂号称“稀有金属”，其实它在地壳中的含量并不算“稀有”。地壳中约有0.0065%的锂，其丰度居第27位。根据美国地质调查局2015年发布的数据，全球锂资源储量约为1350万吨，探明储量约为3978万吨。全球锂矿床主要有五种类型，即伟晶岩矿床、卤水矿床、海水矿床、温泉矿床和堆积矿床。目前开采利用的锂资源主要为伟晶岩矿物［主要包括锂辉石［$LiAl(SiO_3)_2$］、锂云母 $K\{Li_2{-}xAl_{1+x}[Al_{2x}Si_4{-}2xO_{10}](OH,F)_2\}$（$x$=0～0.5）和透锂长石［$(LiNa)AlSi_4O_{10}$］等含锂矿物］和卤水矿床。在海水中大约有2600亿吨锂，但由于海水中的锂浓度太低，提取极为困难，所以尚未有效利用。盐湖锂资源约占世界锂储量的69%和世界已探明锂资源的90%以上。近几年来，随着电子产业迅速发展，锂在经济发展和技术进步中日益显现出重要作用，所以锂资源的开发与应用引起人类越来越高的关注。

任务一 了解世界其他国家及中国锂资源分布

一、世界其他国家锂资源分布

世界上锂资源比较丰富，主要分布在南美洲、北美洲、亚洲、大洋洲以及非洲。世界上的花岗伟晶岩锂矿床主要分布在澳大利亚、加拿大、芬兰、中国、津巴布韦、南非和刚果。虽然印度和法国也发现了伟晶岩锂矿床，但不具备商业开发价值。具体来说，全球锂辉石矿主要分布于澳大利亚、加拿大、津巴布韦、刚果、巴西和中国；锂云母矿主要分布于津巴布韦、加拿大、美国、墨西哥和中国。盐湖锂资源主要分布在智利、阿根廷、中国及美国。全球主要锂矿分布见表4-6。

表4-6 全球主要锂矿分布

矿山	国家	类型	品位	储量/（Li_2O/万吨）	开发所有权
Kings Mountain Belt	美国	伟晶岩型	0.69	545.4	
Kings Valley	美国	沉积黏土型	0.2	200	
Manono-Kiotolo	扎伊尔	伟晶岩型	0.58	114.5	

续表

矿山	国家	类型	品位	储量/（Li_2O/万吨）	开发所有权
Jadar Valley	塞尔维亚	湖泊蒸发岩型	0.84	99	
甲基卡锂矿	中国	伟晶岩型	平均 0.6	59.1	路翔股份、天齐锂业
Greenbushes	澳大利亚	伟晶岩型	1.9	56	泰利森（天奇锂业）
宜春钽铌锂矿	中国	花岗岩型	1.86～2.1	32.5	江特电机
Kolmorzerskoe	俄罗斯	伟晶岩型		288	
马尔康党坝锂矿	中国	伟晶岩型	1.34	22.5	众和股份
Koralpe	澳大利亚	伟晶岩型	0.78	10	
Bikita	津巴布韦	伟晶岩型	1.4	5.67	Bikita Minerals

澳大利亚西部珀斯地区的格林布西（Greenbushes）花岗伟晶岩矿床是世界上最大的锂辉石矿床。加拿大安大略省的伯尼克（Bernic）湖花岗伟晶岩矿床，含锂矿物主要是锂辉石和透锂长石。津巴布韦马斯韦古省的比基塔（Bikita）锂辉石花岗岩矿床是津巴布韦最大的锂辉石矿床。美国洛杉矶山脉的金斯山（Jeans）和亚拉巴马州的贝瑟默（Bessemer），纳米比亚的卡里比布（Karibib），刚果（金）的马诺诺-基托托洛（Manono-Kitotolo）等都是大型的花岗伟晶岩矿床。南非含锂辉石花岗岩主要分布在卡普省诺玛斯和纳那比斯地区，估计锂矿物资源达 300 亿吨，葡萄牙和俄罗斯也有含锂的花岗伟晶岩矿床分布，但储量不详。世界卤水锂资源高度集中在智利、阿根廷、玻利维亚、中国和美国。南美洲萨拉盐湖赋存极其丰富的锂资源。萨拉盐湖展布于智利、阿根廷和玻利维亚。萨拉盐湖和美国的银峰湖，以及中国的西藏扎布耶盐湖和青海盐湖等为目前已探明的锂资源含量最丰富的一批盐湖，另外美国的西尔斯盐湖和中东死海也赋存锂资源。

二、中国锂资源分布

我国也是锂资源较为丰富的国家之一，我国花岗伟晶岩锂矿床主要分布于四川、新疆、河南、江西、福建、湖南和湖北，其中江西宜春锂云母基础储量达 63.7 万吨，四川省甲基卡伟晶岩锂辉石矿床是世界上最好的，氧化锂含量为 1.28%，储量为 118 万吨，也是世界第二大，亚洲第一大的锂辉石矿。我国的锂盐湖资源也非常丰富，卤水锂资源占我国锂资源总量的 80%，以金属锂计为 271 万吨。除在湖北省和四川省有少量的地下卤水锂资源之外，近 90%具有开发价值的卤水锂资源分布在青海和西藏的盐湖中。

我国锂辉石和锂云母矿储量虽然很丰富，但是质量不高，杂质含量较高导致提锂成本偏高，只有综合开发利用钽、铌等金属，才具有一定的竞争力。目前我国多数碳酸锂生产企业主要采用进口锂矿石作为原料，锂矿石对外依存度大，原材料的采购成本较高且供应的高稳定性差。

青海的锂资源主要赋存于硫酸盐型盐湖中，集中分布在柴达木盆地的察尔汗盐湖。青海柴达木盆地盐湖锂资源（以 Li_2CO_3 计）储量为 2 万吨，锂盐矿主要存在于盐湖地表卤水和晶间卤水中。大型卤水矿主要有一里坪、东台吉乃尔湖、西台吉乃尔湖，中型卤水矿有大柴旦湖、察尔汗、大浪滩等盐湖，目前正在开发的是东、西台吉乃尔湖，储量分别约为 9 万吨和 48 万吨。

柴达木盆地盐湖锂资源有两个显著特点：

① 锂含量高，东、西台吉乃尔湖和一里坪盐湖卤水锂含量比美国大盐湖的锂含量

高 10 倍；

② 镁锂比高，比国外高数十倍乃至百倍，东台吉乃尔湖卤水镁锂比达到 40，而美国银峰湖卤水中该值为 2，智利阿塔卡玛盐湖卤水中该值为 6，这给察尔汗锂资源的开发与利用带来很大的难度。

西藏已探明的盐湖卤水锂资源主要分布于藏北日喀则市的扎布耶盐湖，它是世界上三大锂资源超百万吨级的超大型盐湖之一，其固液相碳酸锂储量高达 153 万吨，其中液相锂储量 25 万吨。扎布耶盐湖由南、北两个湖区组成，湖中间到东部有狭长水道相通，北湖是卤水湖，南湖为干盐滩和卤水并存的盐湖。扎布耶盐湖是世界罕见的硼、锂、钾、铯等综合性盐湖矿床，富含有硼、钾、铷、铯、溴等多种有用元素，其中的锂、硼均为达超大型规模，含锂量仅次于阿塔卡玛和乌尤尼盐湖，是典型的碳酸盐型盐湖，卤水中的锂以天然碳酸锂和含锂白云石新变种形式存在。卤水中锂含量高达 1000～2000mg/L，其资源特点是镁锂比低，仅为 3，优于国内已知的其他盐湖锂资源。

任务二 了解世界及中国锂资源开发现状

一、世界锂资源开发现状

当前，锂盐矿产量较大的国家有智利、美国、澳大利亚、阿根廷、俄罗斯、加拿大、津巴布韦、中国、巴西、纳米比亚和葡萄牙等。根据美国地质调查局调查数据显示，世界锂资源储量（金属锂）总计约为 1351.9 万吨，探明储量为 3950 万吨，其中储量世界第一的为玻利维亚（900 万吨），第二位为智利（大于 750 万吨），其次分别为：阿根廷（650 万吨），美国（550 万吨），中国（540 万吨），澳大利亚（170 万吨）。世界锂资源储量情况如表 4-7。

表 4-7 世界锂资源储量（金属锂） 单位：t

国家/地区	储量		
	2012	2013	2014
阿根廷	850000	850000	850000
智利	7500000	7500000	7500000
巴西	46000	46000	48000
玻利维亚		5400000	
澳大利亚	1000000	1000000	1500000
中国	3500000	3500000	3500000
葡萄牙	10000	60000	60000
津巴布韦	23000	23000	23000
美国	38000	38000	38000
全球合计	12967000	13017000	18519000

1996 年世界金属锂产量为 7822 吨（不含美国），2006 年世界金属锂产量达 2.11 万吨，2014 年世界金属锂产量已达 3.6 万吨，呈逐年上升态势。数十年来，美国一直是锂盐的最大生产国。20 世纪 80 年代初，美国生产量占世界生产能力的 70%以上。但自 20

世纪 90 年代以来，由于智利、阿根廷盐湖锂资源的开发，使美国在世界锂产量所占的比例急剧下滑，到 2000 年下降到仅占 5%，而智利已成为世界上最大的碳酸锂生产国。

传统锂矿业主要以伟晶岩型锂矿为原料，通过采矿、选矿、1100℃焙烧热解，在 250℃加硫酸形成硫酸盐，然后再加碱过滤生成碳酸锂。其工艺流程长，能耗大，成本较高。而盐湖卤水提锂工艺是通过一系列太阳蒸发池对卤水逐级蒸发浓缩，分离出锂盐或高浓度卤水，然后由工厂提纯生产锂盐。加工过程的能源以太阳能为主，工艺简单，生产规模易于调整，因而成本自然降低，由于此原因，美国、中国、澳大利亚等国的伟晶岩型锂盐矿山纷纷关闭，仅留少量直接使用的锂精矿生产。

近年来，智利的阿塔卡玛盐湖，美国的西尔斯盐湖、银峰湖地下卤水和阿根廷的翁布雷·穆埃尔托盐湖形成了较强的生产能力。目前，全球从卤水中生产的锂盐产品（以碳酸锂计）已占锂产品总量的 85%以上。

二、中国锂资源开发现状

我国是世界锂资源储量大国，但却是锂产品生产的小国。现在我国锂的产量只占全球总产量的 13.9%左右，造成这一状况的主要原因是：

① 由于生产成本原因，原来从伟晶岩锂矿石中提取锂的生产厂家基本退出市场；

② 柴达木盐湖卤水虽然锂含量高，但镁锂比也高，而我国的高镁锂比卤水提锂技术还未达到工业化生产的成熟度；

③ 西藏扎布耶盐湖卤水中的锂虽然易于提取，但基础设施落后，限制了大规模开发。

为开发青海察尔汗的盐湖卤水资源，自 20 世纪 50 年代以来已开展了许多研究工作。有关从盐湖卤水中提锂的项目已经取得了关键性的进展，现已进入正式生产阶段，有望在不远的将来形成规模化工业生产。同时，随着西藏近年来基础设施的不断完善，特别是青藏铁路的开通，制约西藏经济发展的运输瓶颈终于被打开，扎布耶盐湖卤水锂资源也进入到工业化开发阶段。

可以相信，在未来十年内，借助我国丰富的锂资源储量和较为低廉的劳动力成本，锂产品将会具有较强的国际竞争力，我国也有望从锂产品的净进口国转变为主要的出口国，促进世界锂产业重新布局。

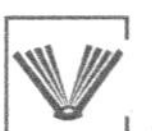

任务探究

根据世界及中国锂资源开发现状，请你根据自己的想法谈谈锂资源在未来十年内的发展趋势。

实训任务四 卤水中锂离子含量的测定（原子吸收法）

一、实训目的

1. 掌握卤水提锂技术；
2. 掌握在不同的控制点及各种离子的干扰下对溶液中锂含量进行相对准确的测定；
3. 熟悉在不同的仪器条件下测定碳酸锂生产过程中卤水中锂的含量；
4. 提高学生分析问题、解决问题的能力。

二、实训准备

1. 场所

仪器分析实验室。

2. 实验仪器及试剂

火焰原子吸收分光光度计、分析天平、碳酸锂、盐酸、二级蒸馏水。

3. 实验步骤

（1）溶液配制　1g/L 锂标准溶液：称取 1.33g 已在 250℃烘至恒重的光谱纯碳酸锂于 100mL 烧杯中，慢慢滴加 1∶1 盐酸使其溶解并稍过量，煮沸 2min，冷却至室温，转移至 250mL 的容量瓶中，用水稀释至刻度，摇匀，放入冰箱中冷藏备用。

（2）实验方法　移取 10mL 的 1g/L 锂标准储备液于 100mL 容量瓶中，加水稀释至刻度配制成锂标准液 A，再分别移取锂标准液 A（0.00、1.00mL、2.00mL、3.00mL、4.00mL）分别于 100mL 容量瓶中，配制成含锂离子浓度分别为 0.00、1.00mg/L、2.00mg/L、3.00mg/L、4.00mg/L 的标准液，如表 4-8 所示。

表 4-8　工作曲线标准溶液的配制

元素名称	标准溶液浓度	标准溶液	1	2	3	4	5
锂	100μg/mL	工作曲线标准溶液浓度/（μg/mL）	0.00	1.00	2.00	3.00	4.00
		标准溶液体积/mL	0.00	1.00	2.00	3.00	4.00

设置不同的仪器工作条件分别进行操作，测得吸光值，仪器自身绘制出相应的工作曲线，随后测定试样溶液并确定锂浓度。

三、实训评价

1. 学生自评

学生自评表见表 4-9。

表 4-9　学生自评表

评价内容	评分标准	得分
语言表达（20 分）	在与小组沟通过程中普通话标准，能清楚表达自己的想法	
小组合作（10 分）	在方案制定过程中，能集思广益，小组参与度高	
制定可行性实验报告（20 分）	制定的实验报告切实可行，具有一定的时效	
分析检测（40 分）	分析检测过程中，操作方法标准所得结果准确	
数据处理（10 分）	思路清晰，具有独立处理数据的能力	

2. 教师评价

教师评价表见表 4-10。

表 4-10　教师评价表

评价内容	评分标准	得分
知识与技能评价（80 分）	在与小组沟通过程中普通话标准，能清楚表达自己的想法	
	在报告制定过程中，能集思广益，小组参与度高	
	实验报告切实可行，具有一定的时效	
	分析检测过程中，操作方法标准所得结果准确	
	思路清晰，具有独立处理数据的能力	
素质评价（20 分）	操作过程中体现个人实训操作水平，在团队合作过程中注重团队沟通及团队人员参与	

四、作业单

上网查找蓝科锂业有限公司的相关资料，结合该企业中碳酸锂生产工艺，完成以下任务：

（1）总结出主要工段名称及其岗位任务。

（2）总结生产过程中用到的主要设备名称及其作用，并绘制流程框图。

模块五
盐湖钠资源综合利用

知识目标　了解纯碱的基本用途。

技能目标　认识化工产品对生活的益处。

素质目标　培养学生准确认识化工企业，帮助树立振兴纯碱工业的情感理念。

项目一
纯碱用途

任务一
学习纯碱基础知识及生产方法

一、纯碱基础知识储备

纯碱是重要的化工原料之一，广泛用于玻璃、日用化学、搪瓷、造纸、医药、纺织、印染、制革等工业部门以及人们的日常生活，在国民经济中占有重要地位。随着经济的腾飞，更显示出其价值，如建筑业中平板玻璃的大量使用、轻工业中洗涤剂和日用玻璃制品的广泛应用、冶金业中添加的冶炼助熔剂等，更加促进了纯碱工业的发展。

一个国家的纯碱生产和消费水平，实际上也反映了该国的工业水平。我国纯碱工业经过几十年的发展已跻身世界前列，到 2002 年总产量可达到 1011 万吨/年（其中重质纯碱约为 410 万吨，占生产总能力的 41.8%），仅次于美国的 1200 万吨/年。但是按人均消耗量计，仅为美国的六分之一。中国要成为世界经济大国和强国，随着国民经济的高速增长，纯碱工业无疑需要进一步发展。

二、纯碱的工业生产方法

1. 生产历史

草木灰 ⟶ 1791 年路布兰法 ⟶ 1861 年氨碱法（索尔维法）⟶ 1942 联合制碱法（侯德榜）⟶ 天然碱。

2. 路布兰法生产纯碱

原料：芒硝、石灰石、煤。

反应原理：　$2C + Na_2SO_4 + CaCO_3 = Na_2CO_3 + CaS + 2CO_2\uparrow$

缺点：生产不连续、成本高，产品质量差。

3. 氨碱法生产纯碱

原料：食盐、石灰石、焦炭、氨。

碳化过程的主要化学反应：

$$NaCl(aq) + CO_2(g) + NH_3(q) + H_2O = NaHCO_3(s) + NH_4Cl(aq)$$

煅烧过程的主要化学反应：

$$2NaHCO_3(s) === Na_2CO_3(s) + CO_2(g) + H_2O(g)$$

优点：原料来源方便，质量好，成本低，连续生产。

4. 天然碱加工

矿石开采 ⟶ 溶解 ⟶ 澄清除去杂质 ⟶ 循环母液 ⟶ 三效真空结晶 ⟶ 240℃结晶。

优点：工艺简单，能耗、成本低，产品质量高。

任务二 氨碱法工艺分析

一、氨碱法工艺分析

氨碱法制造纯碱是以原盐、石灰石为原料，以氨为中间媒介进行，生产工艺为：原盐用杂水溶解成为粗盐水，采用石灰、碳酸铵法精制后送往吸氨塔，吸收来自蒸氨塔的氨气，制成氨盐水，送往碳化塔，分别通入窑气和炉气[重碱在煅烧炉中煅烧后得到产品纯碱，并放出炉气（含 CO_2）]进行碳化反应，碳化取出液经过滤机分离得到重碱（$NaHCO_3$）和母液（主要含 NH_4Cl）。将石灰石（$CaCO_3$）按一定比例与焦炭配好后，在石灰窑内煅烧，分解为CaO及窑气（含 CO_2）。CaO经消化后成为石灰乳[$Ca(OH)_2$]，供分解母液中氨和盐水精制用，窑气（含 CO_2）经净化后供氨盐水碳化用。氨碱法工艺流程见图 5-1。

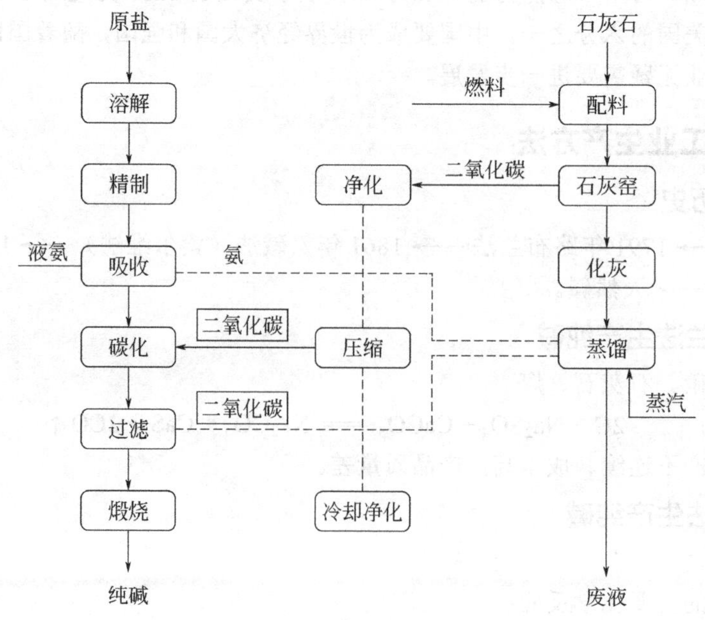

图 5-1　氨碱法生产工艺

二、氨碱法生产纯碱工艺过程

根据图 5-1 将氨碱生产过程分为 7 个基本过程，见图 5-2。

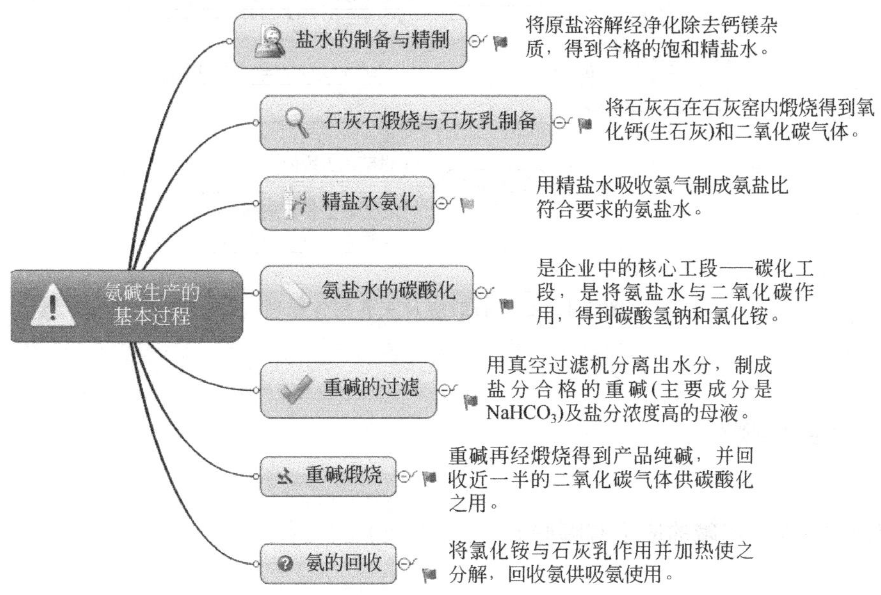

图 5-2　氨碱法生产工艺基本过程

三、石灰石及无烟煤的物化性质

图 5-3 为石灰石和无烟煤的性质，通过性质的学习，更能了解石灰石煅烧原理及工艺。图 5-4 为石灰石煅烧及灰乳制备的原理，通过原理可以推断本工序任务及主要作用。

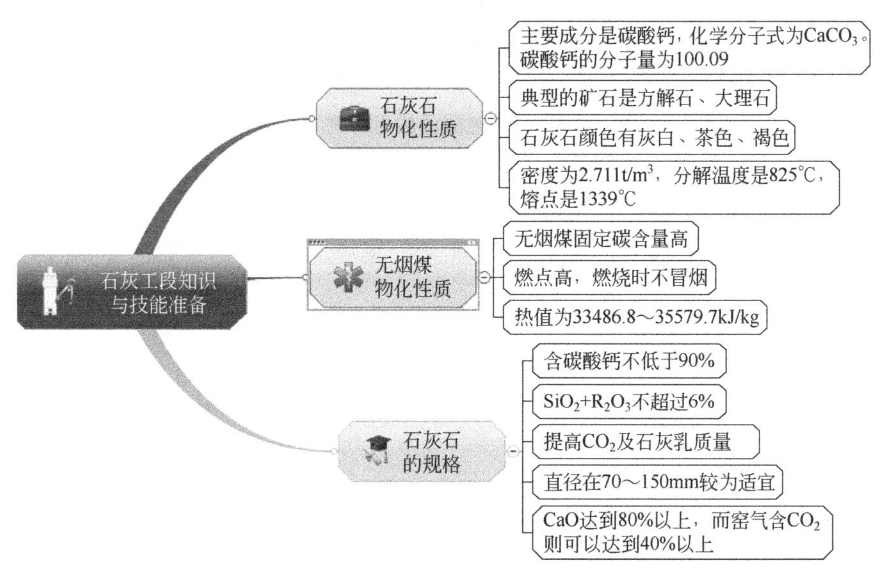

图 5-3　石灰石及无烟煤的性质

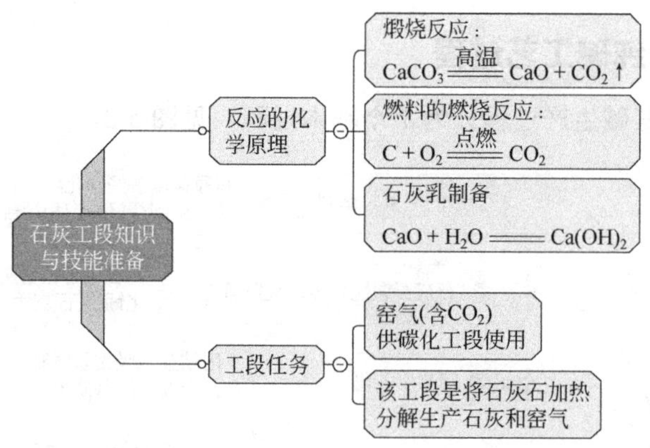

图 5-4　石灰石煅烧及灰乳制备原理

任务探究

请问图 5-5 中纯碱的应用有哪些？

图 5-5　纯碱的应用实例

项目二 认识氨碱法生产纯碱中石灰石煅烧工段

任务一 认识石灰石煅烧主要设备——石灰窑

石灰窑的形式很多，目前采用最多的是连续操作的竖窑。石灰石和固体燃料由窑顶装入，在窑内自上而下运动，经过预热、煅烧和冷却三个区。生成的石灰从窑底部出灰螺旋锥、经星形出灰机卸出石灰窑，窑气从石灰窑顶部出来去窑气净化系统。石灰窑结构如图 5-6 所示。

石灰石与焦炭或无烟煤在石灰窑内煅烧时，沿窑体内由上至下按高度可分为预热、煅烧、冷却三区：预热区占窑体有效高度的 1/4 左右，与下区交界处的温度约为 900℃；煅烧区约占窑体高度的一半，中部温度约为 1050℃，有时可高达 1200℃，与下段交界处的温度为 800～850℃；冷却区在窑体下部，占窑体有效高度的 1/4 左右。

在混料式竖窑中，石灰石和燃料通过料斗提升机上料，倒入锥形料斗中，采用裙式布料器等装置布料。混料经预热区、燃烧区、冷却区，随着石灰的取出而不断下降。在燃烧区内燃料开始燃烧，同时放出热量煅烧石灰石，石灰石经煅烧分解为 CO_2 和 CaO。供燃料燃烧用的窑气从窑座进入，在冷却区被热的石灰加热，CO_2 在煅烧区与石灰石分解放出来的 CO_2 气混合，称为窑气。区气通过预热段从窑顶出气口排出。生石灰在冷却区被冷却后，由窑底的回转螺旋锥式卸灰机等出料装置卸出。

石灰石煅烧是吸热分解的过程，要消耗大量的热能，入窑的石块要配入供热所需的燃料即焦炭并通入助燃所需的空气。煤焦配比率（简称配焦比）主要以焦的发热量与粗石灰的烧成质量而定，不能过高或过低，以免石灰严重过烧或生烧。

焦石须经充分预热达到一定温度以后，才能分别在窑内进行较完全的燃烧和分解反应，为此应做到均衡上石与出灰，应保持窑顶石层高度（石层至窑顶空间一般控制在 3.3～3.5m），保持窑中部煅烧区及下部冷却区的稳定。

窑气由 N_2、CO_2、O_2、CO 及 H_2O（g）等组成，在一定的排气温度和压力下，窑气的 CO_2 浓度越高，体积当量越小，不仅使生产中的热损失小，而且可以增加制碱的产量。操作上除严格控制煅烧过程适当的配焦比、上石量、温度和压力外，还要严格控制过剩空气，以免进气过多。窑气需通过洗涤充分降温除尘，再经电除尘器进一步除尘，使气温和含尘量完全符合工艺要求，以确保压缩机的打气效率和使用期。

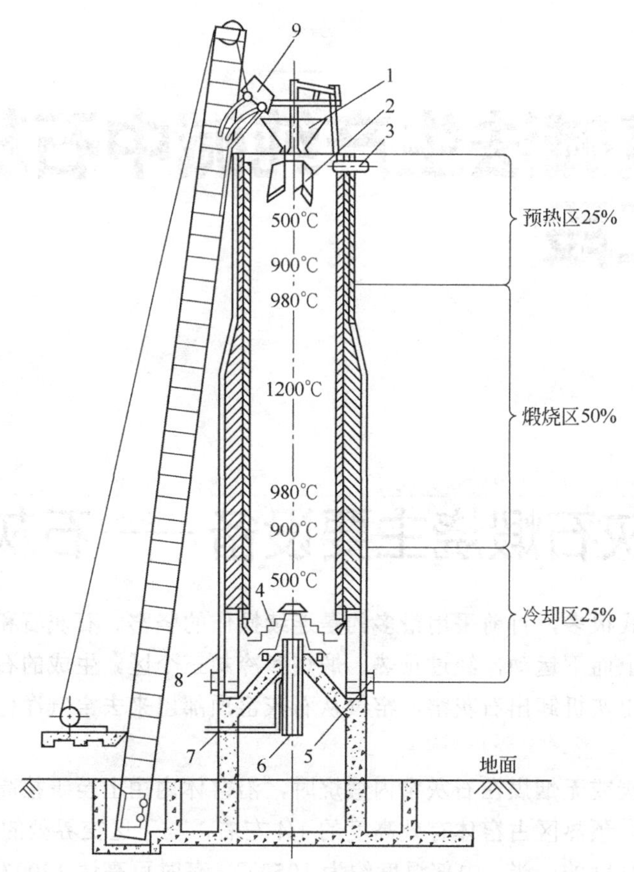

图 5-6　石灰窑结构图

1—料盅；2—分石器；3—出气口；4—出灰转盘；5—四周风道；
6—中央风道；7—风压表校管；8—出灰口；9—吊石罐

任务二 熟悉石灰石煅烧及石灰乳制备的工艺流程

请根据流程图（图 5-7）选用适当的设备连接制备饱和精盐水的工艺流程，并阐述流程及设备名称和作用。

依据石灰石煅烧及石灰乳制备的任务和岗位可以选择的设备如下：

石灰石输送设备——皮带、斗式提升机，石灰石贮存设备——原石仓，焦炭贮存设备——焦炭仓，石灰石和焦炭配料设备——配料秤，送入石灰窑内空气设备——鼓风机，石灰石煅烧设备——石灰窑，石灰石煅烧后的气体统称为窑气，窑气的净化设备——窑气洗涤塔、电除尘器，化灰设备——化灰机，石灰乳贮存设备——石灰贮仓、石灰乳罐。

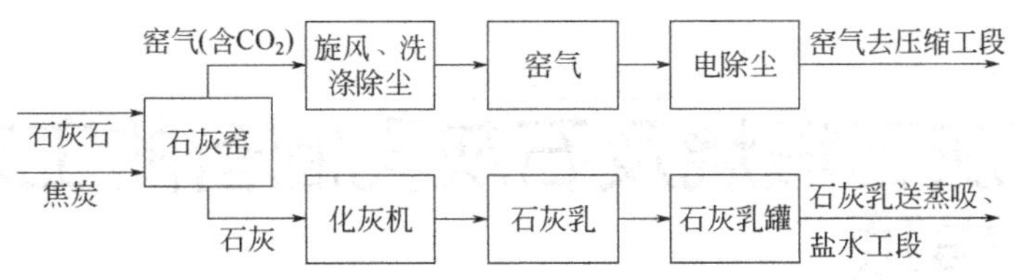

图 5-7 石灰工序工艺流程简图

如图 5-8 所示，原料石灰石和焦炭由贮运工段经皮带机分别送到石灰窑前的石灰石仓和焦炭仓内，再经石灰石给料器，焦炭给料器进入计量槽。将混合料倒入吊石斗，经卷扬机提升倒入石灰窑内。空气经鼓风机鼓入石灰窑底。石灰石在窑内经过煅烧，生成石灰和窑气，石灰从窑底部出灰螺旋锥、经星形出灰机卸出石灰窑，溜入运灰皮带机上，再经石灰斗提机送到石灰仓，窑气从石灰窑顶部出来去窑气净化系统。

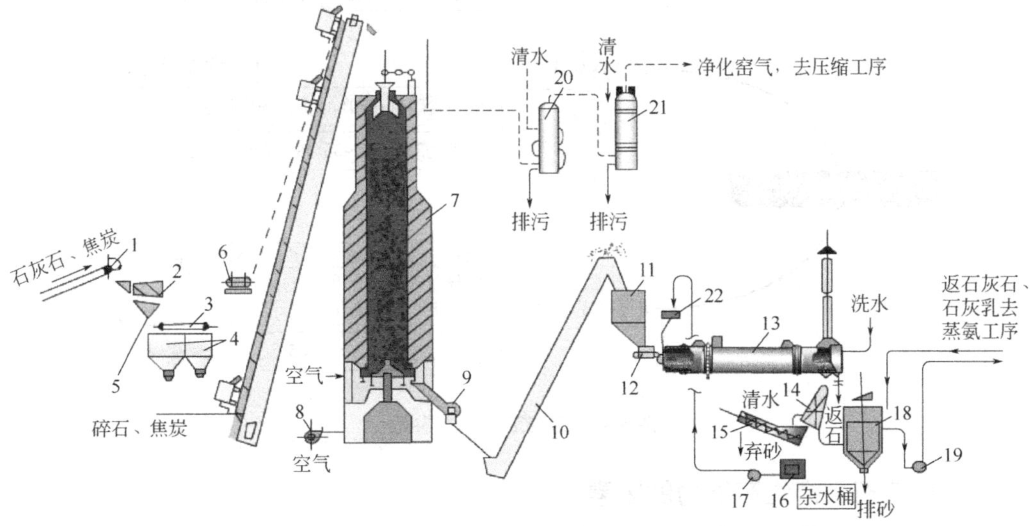

图 5-8 石灰石煅烧及石灰乳制备工艺流程图

1—皮带输送机；2—振动筛子；3—分配皮带；4—石焦仓；5—称量车；6—卷扬机；7—石灰窑；8—鼓风机；9—出灰机；10—吊灰机；11—灰仓；12—加灰机；13—化灰机；14—石灰乳振动筛；15—洗砂机；16—杂水桶；17—杂水泵；18—石灰乳桶；19—石灰乳泵；20—洗涤塔；21—电除尘器；22—杂水流量堰

从窑顶出来的含 CO_2 40%～43%、温度在 80～140℃、压力为 150～300Pa 的窑气先经过旋风除尘器除去部分粉尘后进入窑气洗涤塔，用水进一步除去粉尘并被冷却到 40℃以下。从洗涤塔出来的窑气进入电除尘器，最终使窑气含尘量低于 20mg/m^3，送压缩工段。

石灰经石灰仓下部的石灰给料器调节给料量后加入化灰机；化灰水与石灰同时加入化灰机内。石灰和化灰水反应生成石灰乳，石灰乳流入石灰乳转筛，筛去细粒固体杂质后流入石灰乳罐，再经石灰乳泵送到盐水工段及蒸吸工段。

出石灰窑的石灰在运输过程中产生的石灰粉尘气体，经布袋除尘器收集净化，净化后的气体达标排空，粉尘经地下杂水桶回收进化灰机。

任务三 分析石灰石煅烧及石灰乳制备的工艺条件及注意事项

一、石灰石煅烧及石灰乳制备的工艺条件

1. 石灰工段工艺参数

图 5-9 为石灰工段的参数图，请说一说为何在此范围。

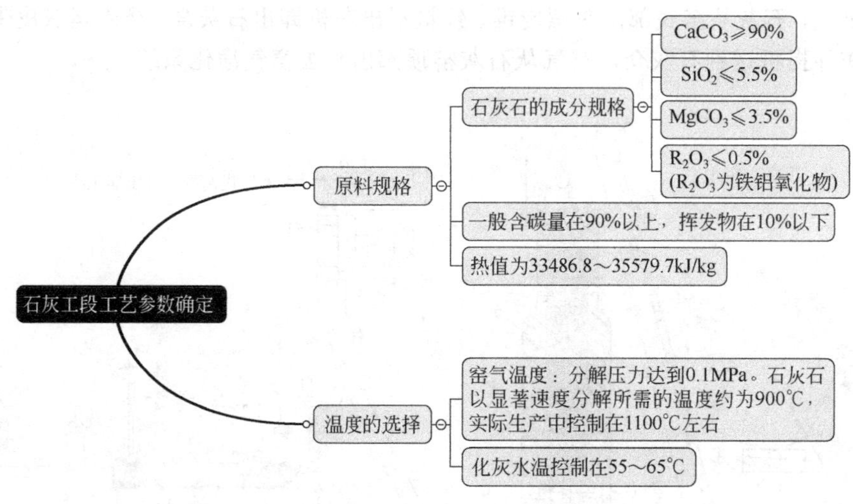

图 5-9　石灰工段工艺参数

2. 影响石灰窑生产能力的因素

石灰窑的生产能力在碱厂一般是指每座石灰窑每昼夜所煅烧的石灰石量或折算成纯碱产量。石灰窑的生产能力与石灰窑的大小有关，应当比较单位窑身容积的产量即生产强度。石灰窑生产强度主要影响因素如下：

（1）单位时间内燃烧完的燃料量　单位时间内燃烧完的燃料量越多，产生的热量就越多，生产强度就可提高。将无烟煤或焦炭破碎，减小燃料粒度，增加燃烧面积以加速燃烧。同时也增加了石灰石与燃料的接触面积，燃烧的热能得到更好的利用，煅烧也均匀。但燃料粒度不宜过小，过小会使窑内阻力增加，燃料的化学不完全燃烧增加，有时会造成偏烧，破坏石灰窑的正常操作。燃料粒度以 25～50mm 为宜。

（2）石灰石粒度　石灰石粒度大小对石灰窑生产强度影响很大，因为石灰石煅烧时，分界面移动速度在一定温度下是一定的，大块石灰石不易烧透，在窑内停留时间长，单位窑身容积产量小。小块石灰石易烧透。在窑内停留时间短，比表面积大，提高石灰石的吸热能力。通过试验得知，150mm 石灰石在窑内停留时间约为 28h，50mm 石灰石在窑内停留时间约为 8h。可见石灰石粒度越小，它在窑内停留时间就越短，石灰窑的生产能力就越大。但石灰石粒度不宜太小，过小使窑内阻力增加，化学不完全燃烧增加，有

时会造成偏烧，破坏石灰窑的正常工况。石灰石粒度一般控制在75～150mm之间。

（3）煅烧温度 提高煅烧温度，可有效地提高分解温度，是决定石灰窑生产能力的首要因素。但是煅烧区温度不能无限提高，温度过高，窑衬耐火砖易烧坏，如果石灰石杂质较多时，温度超过1250℃就会结瘤，破坏石灰窑正常操作。还会使过小石灰石生产“烧死石灰”，燃料消耗增加，同时会降低窑气浓度。所以根据原料的性质煅烧温度应不超过1300℃。

（4）混合料在整个截面的均匀分布 混合料的均匀分布不仅是石灰窑稳定的需要，也是提高石灰窑生产能力的需要。当混合料均匀分布时，消除了燃料在窑壁强烈燃烧而使耐火砖迅速损坏的可能，减少检修次数，延长运转周期。减少窑内阻力，改善气体分布质量，所以分石器的设计非常重要。

（5）风压 为使石灰窑的生产能力提高，空气应均匀通过石灰窑的整个截面，因此必须保证有足够的空气量，使空气能均匀地包围燃烧粒子。空气量由分压的高低或风门的大小来调节。分压首先与窑内的阻力有关，而窑身的阻力在很大程度上取决于小石灰石块子及焦炭末的多少。当石灰石粒度在75～150mm之间时，阻力为196～245Pa/m。

二、石灰石煅烧及石灰乳制备的注意事项

（1）石灰石煅烧是吸热分解的过程，要消耗大量的热能，入窑的石块要配入供热所需的焦炭并通入助燃所需的空气。三者的量要适中，煤焦配比率（简称配焦比）不能过高或过低，且必须保证有一定的风压，以免石灰石严重过烧或生烧。

（2）应做到均衡上石与出灰，应保持窑顶石层高度（石层至窑顶空间一般控制在3.3～3.5m），保持窑中部反应区及下部冷却区的稳定。焦石才能分别在窑内进行较完全的燃烧和分解反应。

（3）窑气由N_2、CO_2、O_2、CO及H_2O（g）等组成，在一定的排气温度和压力下，窑气的CO_2浓度越高，不仅使生产中的热损失小，而且可以增加制碱的产量。要严格控制过剩空气，以免进气过多，降低CO_2浓度。

（4）石灰石中含有SiO_2、Fe_2O_3、Al_2O_3等杂质，这些杂质在CaS中成为助熔剂，在达到一定温度时即与氧化钙作用生成低熔点瘤块，不利于石灰石的煅烧且会降低石灰窑的使用寿命。

（5）防止结瘤块的措施有：

① 选用SiO_2、Fe_2O_3、Al_2O_3等杂质含量低的石灰石为原料；

② 根据杂质含量控制煅烧温度；

③ 控制好燃料粒度，布料均匀。

（6）$Ca(OH)_2$在水中的溶解度很小，仅1%左右。工业生产中要求石灰乳流动性能好，活性CaO含量高而且浓度稳定，正常控制石灰乳活性CaO含量即C_{CaO}=4mol/L左右。所以化灰时采用温度适宜的化灰水非常重要，有适宜的化灰水温度，其一加快化灰速度，其二$Ca(OH)_2$在水中分散度好，即可加快蒸氨反应，而且由于回收热量高，消耗蒸汽量较少。一般化灰水温度控制在55～65℃。石灰乳温度要求控制在90℃以上。

项目三 氨碱法制备纯碱中盐水精制工段

任务一 熟悉盐水精制的主要设备

一、道尔澄清桶

反应后的粗盐水同配制好的助沉剂混合后从澄清桶的顶部入口沿中心套筒进入内部，粗盐水在澄清桶内自下到上慢慢溢流，经过盐泥层的过滤及助沉剂的帮助，达到杂质与精盐水分离。上层清液即为精盐水通过积液管从溢流口流出，下层悬浮液为盐泥从澄清桶底部排至洗泥工段回收盐分。结构如图 5-10 所示。

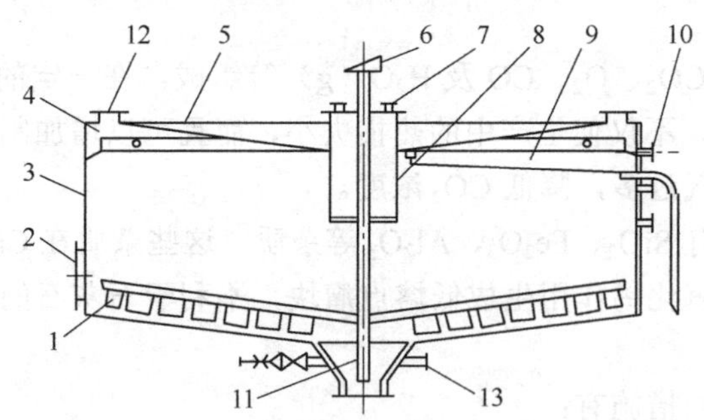

图 5-10　道尔澄清桶结构图

1—耙泥机；2—人孔；3—桶体；4—溢流槽；5—桶盖；6—传动装置；7—悬浮液入口；8—中心套筒；9—泄水管；10—清液出口；11—刮泥架；12—视孔；13—放泥口

二、洗泥桶

洗泥桶原理是逆流洗涤原理，即用杂水洗涤含盐较少的泥，用含盐分较高的水洗涤含盐分较高的泥，这样就可利用少量的水达到较高的洗涤效率。

盐泥由盐泥泵送至三层洗泥桶分配槽，经中心筒进入三层洗泥桶上层进行澄清分离。清液由上层溢流口进入杂水罐，沉淀盐泥通过上层的泥帽、泥盆进入中层与下层出来的洗水进行混合洗涤，经澄清分离，清液由桶的侧面出来，进入洗泥桶上层。中层沉淀泥再通过泥帽、泥盆进入下段，与石灰来的新鲜水或新鲜回水混合洗涤，清液由下层出水管进入中层。沉淀泥即废泥由底部放至废泥槽送去渣场。三层洗泥桶，它是由钢板焊制而成的圆柱形桶体，内分三层。其中主要由中心筒、集泥耙、泥帽、泥盆及三组进出口管组成。桶顶部配有摆线针轮减速驱动装置。可人工调整泥盆、泥帽间的距离。结构如图 5-11 所示。

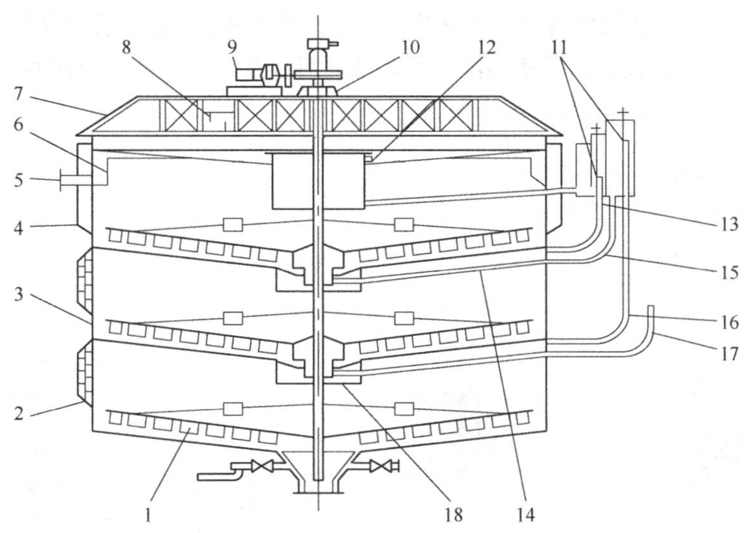

图 5-11　洗泥桶结构图

1—耙泥机；2—人孔；3—桶体；4—支承工字钢；5—上层出水口；6—溢流槽；7—桁架；8—洗水槽；9—传动部分；10—洗水出口；11—混合料进口；12—循环水管；13—中层出水；14—上层进水管；15—中层进水管；16—下层出水管；17—下层进水管；18—下泥装置

任务二 学习盐水精制的原理及工艺流程

一、盐水精制的原理

盐水工段的任务是制备符合吸氨工序和要求的精制盐水。盐水精制的过程主要是除去盐水中的钙、镁离子及泥沙。

氨碱法用的饱和盐水可以来自海盐、池盐、岩盐、井盐和湖盐等。NaCl 在水中溶解度的变化不大，在室温下为 315kg/m^3。工业上的饱和盐水因含有钙、镁等杂质而只含 300kg/m^3 左右 NaCl。

精制作用：粗盐水含钙、镁离子等杂质，在吸氨和碳酸化过程中会形成沉淀或复盐。沉淀会堵塞管道和设备，复盐不仅损失氨和食盐，而且影响产品质量。

盐水精制的方法为石灰-纯碱法（俗称苛化法），用石灰除去盐中的镁（Mg^{2+}），反应如下：

$$Mg^{2+} + Ca(OH)_2(s) = Mg(OH)_2(s) + Ca^{2+}$$

除镁的方法与石灰-碳酸铵法相同，除钙则采用纯碱法，其反应如下：

$$Na_2CO_3 + Ca^{2+} = CaCO_3(s) + 2Na^+$$

二、盐水精制的工艺流程

依据盐水精制任务及岗位可以选择：化盐所需设备为化盐桶，苛化所需设备为苛化罐及储存纯碱的碱液罐和储存石灰乳的石灰乳罐。精制所需原料为助剂和粗盐水，配制助剂用助剂罐，粗盐水和助剂的反应场所为反应罐，澄清场所为澄清桶，储存精盐水用精盐水桶。从澄清桶底部排出含有大量盐分的泥沙称为盐泥，盐泥的贮存设备为盐泥槽，回收盐分的主要设备及洗泥场所为洗泥桶，洗完后含盐分较少的泥沙称为废泥，必须有废泥槽。图 5-12 为盐水精制工艺流程图。

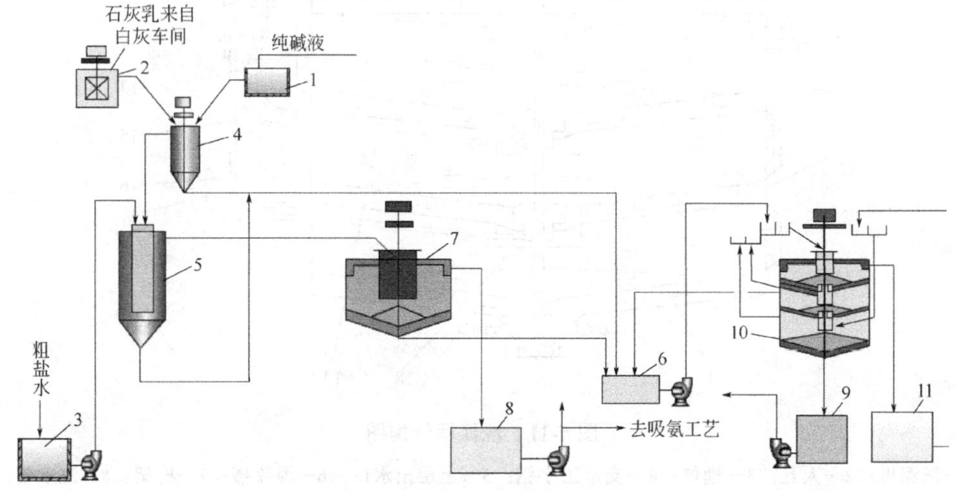

图 5-12　盐水精制工艺流程图

1—纯碱液高位桶；2—石灰乳高位桶；3—粗盐水储桶；4—苛化桶；5—反应桶；6—反应泥储桶；7—澄清桶；8—精制盐水桶；9—废泥桶；10—三层洗泥桶；11—淡液桶

项目四
氨盐水的制备

任务一 认识氨盐水制备目的、原理及设备

一、氨盐水制备的目的

从盐水车间送来的精盐水要想碳酸化首先要将精盐水在吸收塔中吸收氨气。其目的不仅了提高碳酸化效率，而且会再次除去钙、镁杂质。氨在氨碱法制碱过程中起着中间介质的重要作用。在氨盐水碳酸化反应中，NH_3先与CO_2作用生成NH_4HCO_3，然后NaCl再与NH_4HCO_3作用生成$NaHCO_3$结晶，所以盐水吸氨是实现制碱的重要一步。

制备符合碳酸化过程所要求浓度的氨盐水，进一步除去钙、镁杂质的作用，制造符合要求的重碱颗粒。

二、制备氨盐水工艺原理

1. 氨水生成反应

$$NH_3(g) + H_2O(L) = NH_4OH(aq)$$

2. $(NH_4)_2CO_3$生成

$$2NH_3(g) + CO_2(g) + H_2O(L) = (NH_4)_2CO_3(aq)$$

三、氨盐水的制备设备——吸氨塔

（1）吸氨塔的工作原理　吸氨塔的作用是将冷却后的精盐水送入塔内与氨气进行吸氨反应，制出氨盐水供制碱使用。目前国内纯碱行业所使用的吸氨塔有三种：即外冷式吸氨塔、内冷箱式吸氨塔和膜式吸氨塔。外冷式吸氨塔是在吸收过程中分段吸收，分段导出至塔外冷却后再返回；内冷箱式吸氨塔是在各吸收段中间放置所需要的闪动水箱，使吸收与换热同时进行；膜式吸氨塔是在塔的中间部分设有列管式膜式吸氨器，使氨盐水形成降膜均匀地吸收氨气，其放出的热量为列管间的冷却水所冷却。

（2）吸氨塔的结构认识　吸氨塔的结构如图5-13所示。

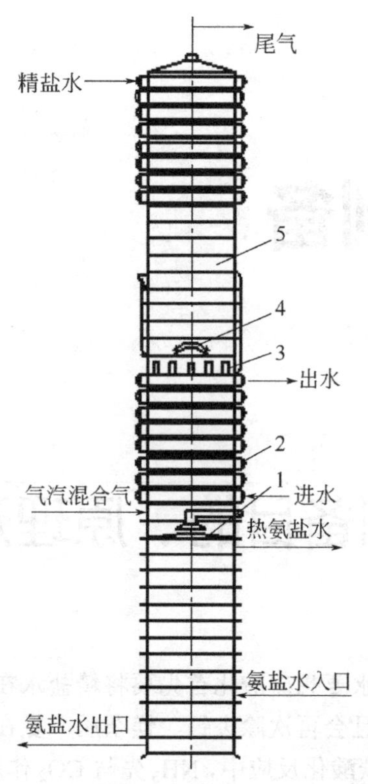

图 5-13 吸氨塔结构图

1—进气笠帽；2—冷却箱；3—溢流管；4—笠帽；5—塔圈

常用吸氨塔为内冷箱式吸氨塔，上部有部分筛板，因上部氨气与二氧化碳吸收量少，反应热有限，温度不高，不设冷却吸收仍可进行。氨从吸氨塔中部引入，引入处反应剧烈，如不及时移走热量，可使系统温度升高 95°C，所以吸氨塔下部有若干个冷却箱，在吸收氨气的同时将热量移走。

任务二 认识氨盐水的生产工艺流程

一、工艺流程叙述

精盐水吸氨工艺流程见图 5-14。

吸收碳酸化尾气后的精盐水经钛板冷却到 40℃左右，直接进入内冷箱式吸氨塔，自上而下吸收蒸氨汽气混合气中的 NH_3 及 CO_2，并经塔内水箱冷却成为氨盐水。氨盐水出塔温度为 70℃左右，从塔底流出进入热氨盐水桶，经热氨盐水泵进入钛板换热器，冷却至 40℃左右后的氨盐水储存在冷氨盐水桶中，用泵送去碳酸化工段。

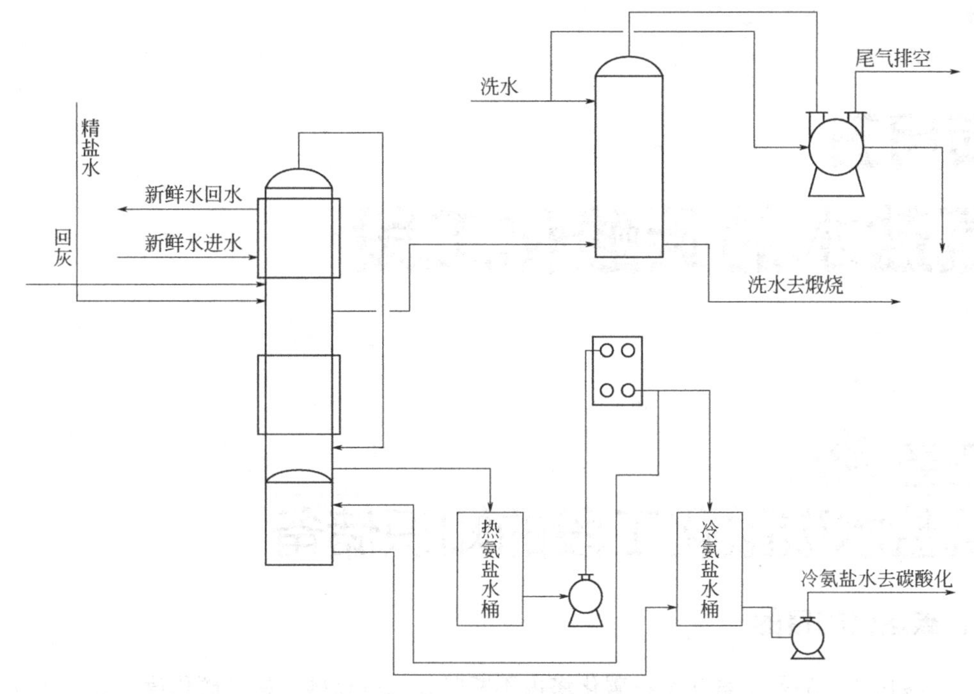

图 5-14　精盐水吸氨工艺流程图

二、简述吸氨控制要点

1. 温度控制

吸氨过程的反应，包括水蒸气的冷凝，NH_3、CO_2的吸收与中和，全部是放热反应，其相变热、吸收热与中和热的总和，共约 1.758×10^6kJ/kg，这样大量的热量绝大部分需要通过冷却装置导出系统之外，生产上采取边吸收边冷却的方式移走这些反应热。维持适当低的吸收温度，才能保证吸收完全和氨盐水质量合格。

2. 压力控制

吸氨塔需在适当的真空条件下操作。吸氨后的尾气（每吨纯碱有 10～20m^3），经净氨器用水洗涤，回收剩余 NH_3（包括部分 CO_2）以后，由真空泵抽出，排入大气。

3. 工艺指标控制

在制碱过程中为了防止设备管道腐蚀以及分散溶液中的铁离子和胶凝物影响纯碱色泽和质量，在氨盐水中常加入硫化钠或氯化镁。因此要严格控制氨盐水的铁（Fe^{2+}）、硫（S^{2-}）、镁（Mg^{2+}），使之符合工艺指标，保证纯碱质量。

项目五 氨盐水的碳酸化工段

任务一 氨盐水碳酸化工段的知识储备

一、碳酸化的目的

碳酸化的目的是使氨盐水在碳化塔内不断吸收二氧化碳，提高碳化度并经适当充分的冷却，以取得 NaCl 转化率较高、$NaHCO_3$ 结晶均匀粗大、杂质含量低的悬浮液（通称出碱液）。碳酸化是制碱过程中最重要的步骤。它对纯碱产量的高低、能耗、物耗的多少以及重碱过滤、煅烧和母液蒸氨等操作能否顺利，负荷是否合理及能耗可否降低起着关键的作用，在很大程度上决定着全厂的经济效益。

二、认识碳酸氢钠

碳酸氢钠的分子式为 $NaHCO_3$，俗称“小苏打”“苏打粉”“重碱”，白色细小晶体，在水中的溶解度小于碳酸钠。固体碳酸氢钠 50℃以上开始逐渐分解生成碳酸钠、二氧化碳和水，溶于水时呈现弱碱性。常利用此特性作为食品制作过程中的膨松剂。生产上要求尽可能制取颗粒粗大的 $NaHCO_3$ 结晶。要求晶体粒度不小于 100μm，大小相等，形状相似。因为大颗粒的结晶不仅有良好的过滤性能，减少洗水用量，降低溶解和穿透损失，而且能使煅烧处理能力增大，节省能源，便于包装和运输。

三、分清碳化度与转化率

1. 碳化度

生产中用碳化度 R 表示氨盐水吸收 CO_2 的程度。

其表达式为：

$$R = \frac{\text{溶液中全部}CO_2\text{浓度}}{\text{总氨浓度}}$$

在适当的氨盐水组成条件下，R 值越大，则 NH_3 转变成 NH_4HCO_3 越完全，NaCl 的利用率越高。

生产上尽量提高 R 值，但受多种因素和条件的限制，实际生产中的碳化度一般只能达到 180%～190%。

2. 转化率

碳酸化食盐转化率（以 U_{Naj} 表示）是碳酸化过程中转化为 $NaHCO_3$ 结晶的 Na 占由氨盐水带入的 Na 的百分比。其计算式是

$$U_{Naj}=\frac{C_{NH_3j}-C_{NH_3A}\times\dfrac{T_{Clj}}{T_{ClA}}}{T_{Clj}+SO_{4\ j}^{2-}-C_{NH_3A}\times\dfrac{T_{Clj}}{T_{ClA}}}\times 100\%$$

四、化学反应及 $NaHCO_3$ 的析出

氨盐水碳酸化涉及三相四组分的体系，是一个伴随化学反应及气体吸收的结晶过程，反应物为 NaCl（液）、NH_3（气）、CO_2（气）和 H_2O（液）。生成物为 $NaHCO_3$（固）和 NH_4Cl（液）。关于化学反应的主要途径和步骤，研究工作者做过多方面的实验探讨，这里介绍以氨基甲酸铵为中间物的理论。碳酸化过程的最初阶段是 CO_2 与氨盐水中的 NH_3 相互作用，生成一种易溶水的化合物——氨基甲酸铵。第二阶段是氨基甲酸铵发生水解，生成碳酸氢铵。最后是当溶液中聚集了足够数量的碳酸氢铵以后，食盐开始与之进行复分解反应，析出固体 $NaHCO_3$。

任务二　认识氨盐水碳酸化工段的核心设备（碳化塔）

一、碳化塔

为了同时满足碳酸化过程流体力学、吸收、结晶、冷却和碳酸化运转周期的要求，通常采用的碳化塔是一种由圆筒形塔圈和水箱型塔圈（碳酸化反应要放出大量反应热，1.46～1.60GJ/t 碱）与笠帽式塔板叠装而成的塔型，称为笠帽式碳化塔，其结构如图 5-15 所示。而不采用容易导致 $NaHCO_3$ 结晶堵塞的其他类型塔。笠帽式碳化塔分为两段，上段称吸收段，下段称冷却段。上段由若干圆筒形塔圈与若干笠帽塔板组成。下段由若干水箱式塔圈、笠帽塔板、中段气进气圈、下段气进气圈组成。

由于碳化塔中结晶生成，不能长时间运行，需经常清洗。生产中为了解决这一问题，常将碳化塔分为一组用于制碱（称制碱塔）与另一组用于清洗（称清洗塔），两者相互倒换。氨盐水从清洗塔顶部进入，与塔底部进入的清洗气（二氧化碳）反应，达到清洗与预反应目的，反应后的溶液称为中和水。中和水从制碱塔塔顶进入与在碳化塔中部与底部进入的中段气和下段气反应。生成的重碱从碳化塔底部的出碱口送至过滤工段，未反应完全的尾气从顶部排出。

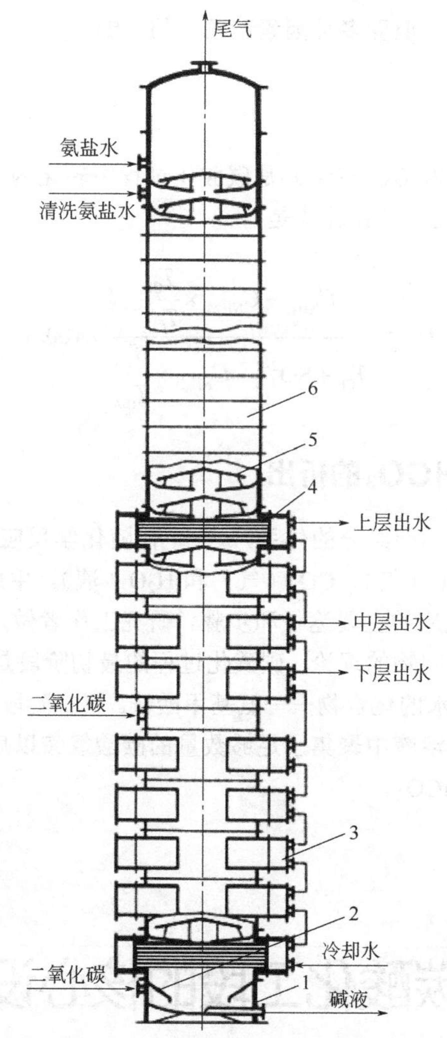

图 5-15 碳化塔结构示意图

1—底座；2—气体分布帽；3—冷却箱；4—冷却管；5—菌帽；6—塔圈

二、碳化塔操作的控制要点

（1）碳化塔液面高度应控制在距塔顶 0.8～1.5m 处　液面过高，尾气带液严重并导致出气管堵塞；液面过低，则尾气带出的 NH_3 和 CO_2 量增大，降低了塔的生产能力。

（2）注意温度控制　氨盐水进塔温度为 30～50℃，塔中部温度升到 60℃左右，中部不冷却，但下部要冷却，控制塔底温度在 30℃以下，保证结晶析出。

（3）碳化塔进气量与出碱速度要匹配　如果出碱过快而进气量不足时，反应区下移，导致结晶细小，产量下降。反之，则反应区上移，塔顶 NH_3 及 CO_2 的损失增大。

（4）碳化塔底出碱温度要适当　出碱温度低，$NaHCO_3$ 析出量较多，转化率高，产量增加；但温度过低会导致冷却水量大大增加，引起堵塔，缩短制碱周期。

（5）倒塔运行时间要适宜　倒塔周期要严格执行，不要出现随意不规则操作。在倒塔过程中，塔内的温度、流量均处于剧烈变化之中，因此，倒塔运行时间不宜过长。

任务三 认识氨盐水碳酸化的工艺过程

氨盐水碳酸化的工艺流程如图 5-16 所示，请根据图形找出相应设备模型。连接氨盐水碳酸化的工艺流程，并详细阐述工艺过程。

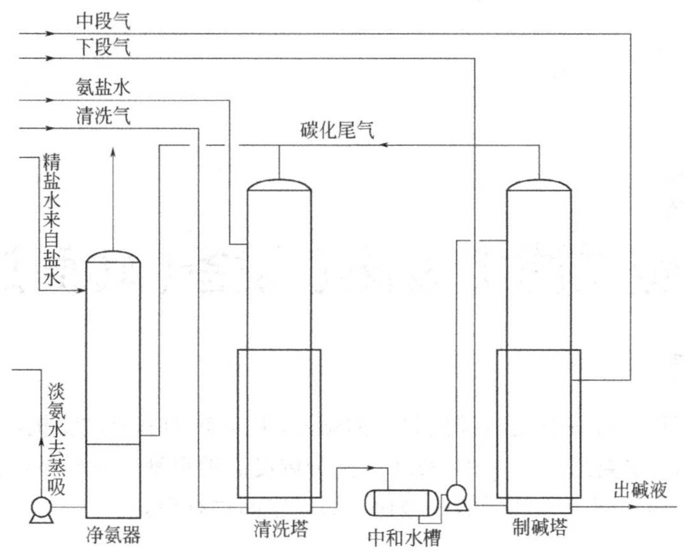

图 5-16　氨盐水碳酸化工段工艺流程图

该工艺流程包括以下几个过程：

（1）清洗过程　由蒸吸工段来的氨盐水进入碳化塔的顶部，在塔内与碳化塔底圈来自压缩工段含 CO_2 40%左右的清洗气逆流接触，一边吸收 CO_2，一边将塔壁和冷却水管上的 $NaHCO_3$ 疤垢溶解。由碳化塔底部出来的中和水，进入中和水槽，再由中和水泵送入碳化塔。碳化塔顶部出来的清洗尾气，去尾气净氨塔洗涤净氨，尾气净氨后排空。

（2）制碱过程　由中和水泵送来的中和水，分别进入各个碳化塔（此时为制碱塔）顶部。来自压缩工段含 CO_2 40%左右的中段气和含 CO_2 80%左右的下段气分别进入碳化塔的中部和下部。中和水在碳化塔中自上而下流动过程中，与上升的气体逆流接触，逐渐吸收气体中的 CO_2，达到过饱和后析出 $NaHCO_3$ 结晶，同时，温度逐渐升高到 60～68℃，在塔下部设有列管式冷却水箱，用循环冷却水移走反应热。塔内液体下流过程中继续吸收 CO_2，同时使 $NaHCO_3$ 结晶长大。当塔内悬浮液到达塔底时，被冷却到 30℃左右。出碳化塔的悬浮液进入出碱槽。碳化塔顶出来的制碱尾气去尾气净氨塔，净氨后排空。

（3）洗涤尾气　为回收碳化塔顶出来的清洗尾气和制碱尾气（混合后称碳化尾气）中的 NH_3 和 CO_2，设置尾气净氨塔碳化尾气洗涤段。

来自碳化塔的碳化尾气，进入尾气净氨塔碳化尾气洗涤段底部，来自盐水工段的精盐水，进入尾气净氨塔碳化尾气洗涤段顶部，在塔内向下流动，与由塔底上升的碳化尾气逆流接触，吸收碳化尾气中的 NH_3 和 CO_2。尾气净氨塔底部出来的淡氨盐水，经淡氨盐水泵送往吸氨工序。尾气净氨塔碳化尾气洗涤段顶部出来的洗涤尾气放入大气中。

项目六 重碱过滤工段

任务一 认识重碱过滤工段核心设备（转筒过滤机）

一、岗位任务

重碱过滤工段岗位任务是将碳酸化后的碱液，用回转的真空过滤机，分离出水分低、盐分合格的重碱（主要成分是 $NaHCO_3$）及盐分浓度高的母液为重碱及母液蒸氨作准备，这一过程便是重碱过滤。过滤后的重碱送至煅烧车间进行煅烧。

二、转筒过滤机

转筒过滤机如图 5-17 所示，其结构如图 5-18 所示。

依靠真空泵从与滤鼓的中心轴和过滤室连通的管道内不断抽气，在过滤室内形成适当的真空度，过滤介质（滤布）两侧产生的压力差，推动滤浆中的母液通过滤布的毛细孔道被抽走。而将悬浮液中的固体粒子 $NaHCO_3$ 等截留在滤布上，形成滤饼。再通过空心轴端转动盘（又称动分配头）的扇形孔道与固定盘（又称分配头）上的凹槽压和的部位及相连通的管道的变换，同时改变着各个过滤室在不同位置的职能。每个回转周期包

图 5-17 转筒过滤机

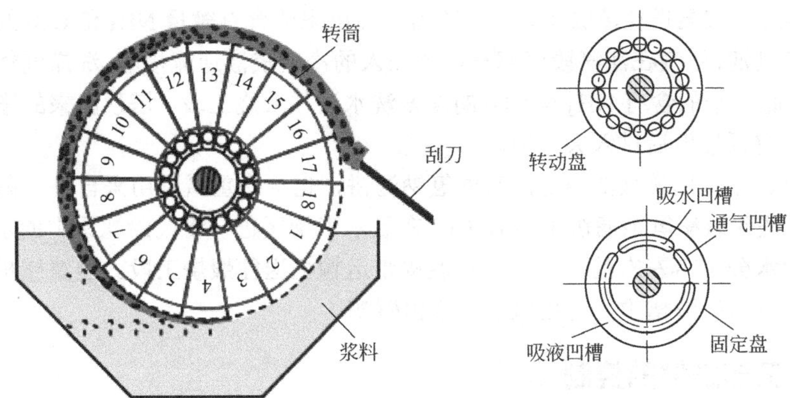

图 5-18　转筒过滤机结构示意图

将两同心圆转筒分成 18 个扇形区，1～11 区内接真空管，为过滤区和吸干区。12、13 区接通洗水为洗涤区，14 为吸干区，15～17 区与压缩工序相连，为卸料区，18 区外侧之刮刀将滤饼刮下。转筒转速为 0.1～3 转/分

括滤液的吸入（挂碱）、形成滤饼、吸干（母液）、洗涤（残余母液）、挤压、再吸干（洗涤液）、卸料和反吹（吹除滤布上未卸尽的滤饼）等过程。

任务二 认识过滤工艺

一、流程叙述

重碱过滤的工艺流程如图 5-19 所示。

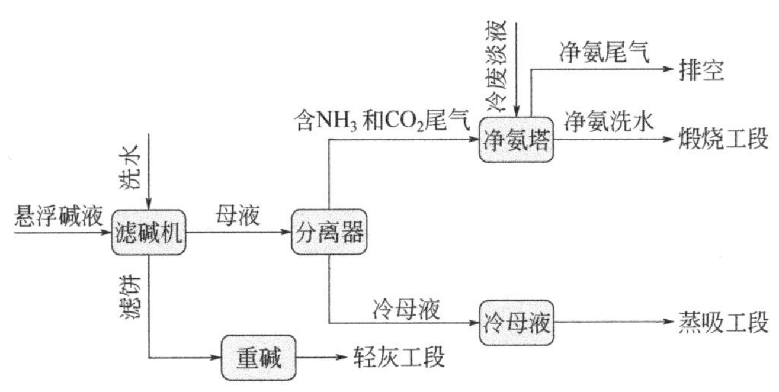

图 5-19　重碱过滤工段流程示意图

来自碱液缓冲槽的悬浮液进入滤碱机的碱液槽，槽内转鼓部分浸没在碱液槽内的悬浮液中，通过真空系统抽吸，悬浮液中的液体通过滤网进入转鼓内，悬浮的 $NaHCO_3$ 结晶被隔离在滤网上。

转鼓内的液体（母液）被抽到分离器内，进行气液分离，底部出来的冷母液进入冷

母液桶，再经母液泵送往蒸吸工段。分离器顶部出来的含有微量 NH_3 和 CO_2 的尾气送入尾气净氨塔过滤，尾气在净氨段底部与塔顶加入的冷废淡液逆流接触，洗涤气体中的 NH_3 和 CO_2。塔底出来的含有 NH_3 与 CO_2 的净氨洗水送往煅烧工段。塔顶出来的净氨尾气由压缩工段真空泵抽出后排入大气中。

被吸附在滤碱机转鼓滤网上的碳酸氢钠滤饼，也称为重碱，用来自洗水高位槽的洗水洗涤，以洗除碳酸氢钠滤饼中的 NaCl。在脱水干燥区进一步脱除滤饼中的水分后，用刮刀刮下含水分 18%左右的滤饼，经重碱皮带运输机送往煅烧工段。当滤碱机检修时，机内的碱液排入碱液槽中，再用碱液泵送出碱槽。

二、过滤工艺条件的控制

1. 真空度

真空度决定生产能力，重碱的含水量，纯碱的质量。真空度在 26.7～33.3kPa 之间。

2. 洗涤水

洗涤水尽量用软水。要控制水的用量，用量过少，洗涤不彻底；用量过多，重碱损失增大；控制重碱的溶解损失为 2%～4%，所得纯碱中 NaCl 含量低于 1%。

项目七
重碱的煅烧

任务一
重碱基础知识储备

一、重碱成分、物性及其煅烧特点

重碱（含 $NaHCO_3$、NH_4HCO_3、Na_2CO_3、NaCl、H_2O）需在蒸汽煅烧炉内加热，分解成为纯碱（主要成分为 Na_2CO_3）及炉气（CO_2、NH_3 及水蒸气），纯碱送至包装工段。炉气经过处理，回收 CO_2 和 NH_3 后再循环利用。

$NaHCO_3$ 在常温下就能分解为 Na_2CO_3，分解速度较慢，温度越高，分解速度越快，但温度过高消耗较大。实际煅烧过程，将出碱温度控制在 170～200℃。

煅烧过程的主要化学反应为：

$$2NaHCO_3(s) = Na_2CO_3(s) + CO_2(g) + H_2O(g)$$

$$NH_4HCO_3(s) = NH_3(g) + CO_2(g) + H_2O(g)$$

$$NH_4Cl(aq) + NaHCO_3(s) = NaCl + NH_3(g) + CO_2(g) + H_2O(g)$$

二、重碱煅烧相关知识

重碱煅烧相关知识如图 5-20 所示。

三、重碱煅烧工段相关概念

1. 返碱

将一部分热成品碱返回与重碱混合，使其水分降至 6%～8%为宜，以保证分解过程顺利进行，这个过程叫作返碱。原因是炉内水分含量高时，煅烧时容易结疤。

2. 存灰量

在稳定运行时，炉内所具有的物料量即为存灰量。存灰量的多少，标志着物料在炉内的停留时间的长短。其值与炉子的大小和炉内温度有关，确定存灰量的多少以物料分解完全为依据。

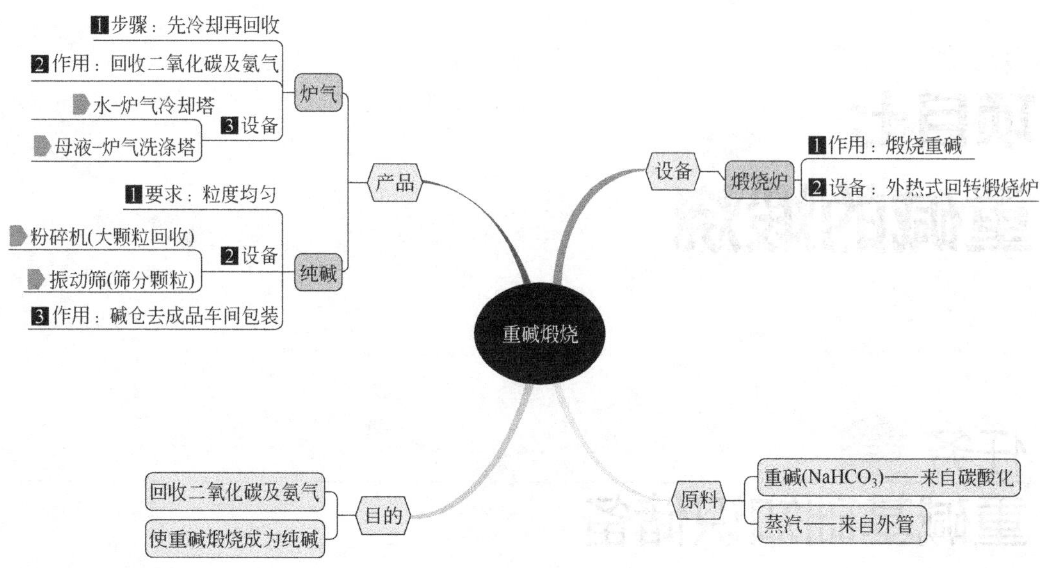

图 5-20　重碱煅烧相关知识

任务二 认识重碱煅烧工段的核心设备（煅烧炉）

蒸汽煅烧炉为卧式圆筒型回转设备，由圆筒壳体、进碱部分、出碱部分、加热蒸汽进气和泄出凝水部分、机械支撑部分及传动部分组成。如图 5-21 所示。

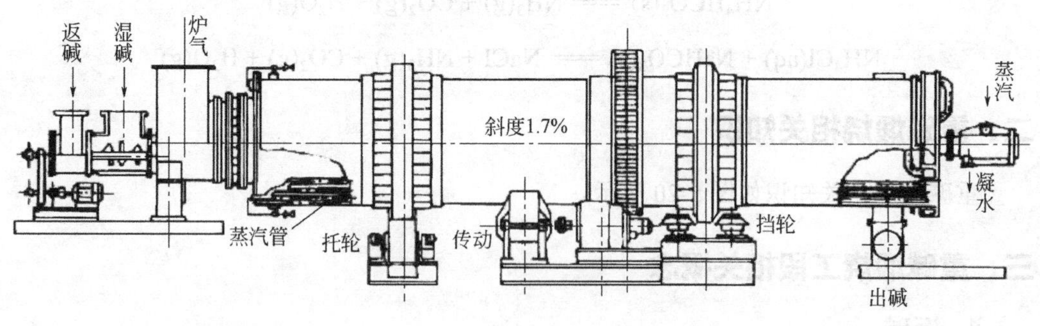

图 5-21　蒸汽煅烧炉结构示意图

由碳酸化工段送来的重碱经重碱皮带运输机送进煅烧炉的预混器，在预混器内与返碱混合后送入煅烧炉。加热蒸汽由炉尾汽轴加入，经配汽室送入翅片管，用过热蒸汽间接加热，重碱被分解成纯碱。煅烧好的纯碱经轻灰出碱螺旋输送机进入返碱埋刮板运输机回到炉头，其中一部分作为返碱，其余部分的纯碱降温后包装。重碱分解产生的炉气被压缩机抽出。

任务三 认识重碱煅烧的工艺流程

一、重碱煅烧的工艺流程

重碱煅烧的工艺流程如图 5-22 所示。

1. 煅烧过程

由碳化工段送来的重碱经重碱皮带运输机、重碱螺旋输送机、重碱星型给料器送进轻质碱煅烧炉的预混器，在预混器内与返碱混合后送入轻质碱煅烧炉。轻质碱煅烧炉内有翅片加热管，用 3.2MPa 过热蒸汽间接加热，重碱被分解成轻质纯碱。煅烧好的高温轻质纯碱经轻灰出碱螺旋输送机进入返碱埋刮板运输机回到炉头，其中一部分作为返碱，通过返碱星型给料器加入返碱螺旋输送机，通过返碱星型给料器送入轻质碱煅烧炉的预混器。其余部分的轻质纯碱经轻灰埋刮板运输机送至重灰煅烧工段。

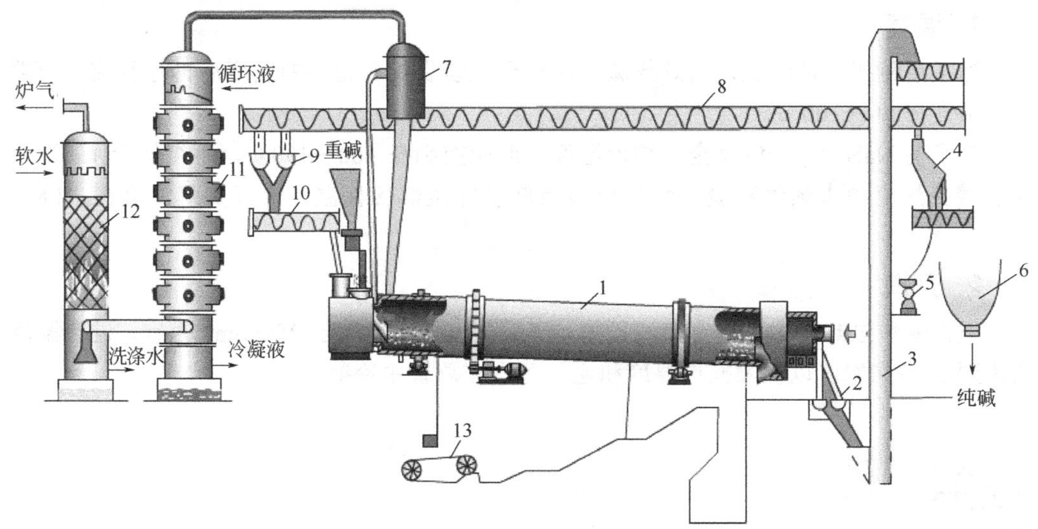

图 5-22　重碱煅烧工段的工艺流程图

1—外热式回转煅烧炉；2—地下螺旋输送机；3—斗式提升机；4—振动筛；5—粉碎机；6—碱仓；7—集灰罐；8—粗重碱加料器；9—成品螺旋输送机；10—返碱螺旋输送机；11—炉气冷却塔；12—炉气洗涤塔；13—加煤机

2. 蒸汽来源

加热蒸汽由炉尾汽轴加入，经配汽室送入翅片管，蒸汽在管内被冷凝成水，然后由汽轴的凝水通道排至冷凝水贮槽，再由冷凝水贮槽通过液位调节阀减压送入一次闪蒸罐，在闪蒸罐中产生 1.5MPa 蒸汽与用 3.2MPa 蒸汽减压的 1.4MPa 蒸汽汇合计量后送去重灰煅烧工段，一次闪蒸后的冷凝水通过液位调节阀减压送入二次闪蒸罐。在闪蒸罐中产生 0.5MPa 蒸汽送入低压蒸汽管网，二次闪蒸后的冷凝水与重灰煅烧工段来的冷凝水合并计量后送去锅炉房。

3. 炉气处理

炉气从旋风除尘器顶部出来，经热碱液塔除去碱尘后，进入炉气总管。洗涤液亦称热碱液来自热碱液槽，通过热碱液泵打至热碱液塔塔顶，在塔内与炉气逆流接触对炉气进行洗涤。热碱液的大部分进行循环，少部分送去重灰煅烧工段化碱。用软水补充热碱液的消耗量。炉气总管的炉气须经热碱液喷淋，以防碱尘结疤。

炉气经热碱液喷淋洗涤后进入洗涤冷凝塔上段塔的底部，该塔为填料塔，塔顶喷淋液为由碳酸化工段送来的冷母液与炉气在塔内逆流接触进行换热，将母液中的部分 CO_2 和 NH_3 蒸出，并使母液温度提高，热母液出塔后送至蒸吸工段。母液洗涤后的炉气由塔顶出来，进入洗涤冷凝塔下段，该段为水箱式换热器，炉气由塔顶进入塔内走管间，冷却水走管内进行间接换热，炉气被冷凝冷却至 45℃后由塔下部出塔，被冷凝下来的炉气冷凝液，由冷凝液泵送至蒸吸工段。炉气进入炉气洗涤塔，由塔下部入塔，来自碳酸化工段的净氨洗水由塔上部进入塔内与炉气在塔内逆流接触以洗涤炉气并进一步冷却，降温及净氨后的炉气送至压缩工段。洗涤液由塔底出塔，经洗涤液泵送去过滤作过滤洗水。

二、操作工艺条件控制

1. 温度

为了避免损坏包装袋，出炉热碱应冷却至包装袋材料允许的温度后再行包装，一般包装温度在 50～100℃。

为了使 $NaHCO_3$ 分解完全，炉内温度一般应控制在 160～190℃，不得低于 150℃。为了避免炉气中水蒸气冷凝，炉气出口至旋风除尘器应保温，保证炉气温度在 108～115℃为宜。

2. 蒸汽

根据锅炉过热能力来确定蒸汽压力，一般蒸汽压力应大于 25kg/cm^2 为宜，过热温度应达到 25～50℃，以保障操作温度和避免蒸汽在总管中冷凝。

任务四 重灰生产工艺简介

一、重灰生产工艺

重灰即重质纯碱，堆积密度在 0.85t/m^3 以上，由于其颗粒和堆积密度比轻质纯碱大，故可减少包装和储运的费用，并减少搬运及使用过程中碱尘的飞扬损失，贮存时也不易结块。重灰用于制造玻璃时，可提高产品质量，延长玻璃窑的使用周期，故重灰特别受用户欢迎。发达国家纯碱生产中重灰产量占 70%以上。目前我国重灰在纯碱产量中所占比重甚小，各厂家正在大力发展重灰生产。

二、重灰生产方法

目前工业化生产中，主要是以轻灰为原料制造重灰，其中生产方法有挤压法、固相水合法及液相水合法等几种。

1. 挤压法

挤压法是一种以机械作用改变物料物理性质的方法，该法以煅烧炉来的轻灰为原料在重灰挤压机中于40～45MPa的压力下将碱粉压成均匀厚度（1mm）的重质化碱片，然后经三级粉碎、四级筛分，过大的颗粒再返回破碎机，过细的粒子再进入挤压机。粒度0.1～1.0mm的物料作为重灰产品，其堆积密度在1.0～1.1t/m^3。

2. 固相水合法

固相水合法又称水混法，此法利用轻灰与水进行下列结晶化学过程：

$$Na_2CO_3(s) + H_2O(g) \longrightarrow Na_2CO_3 \cdot H_2O(s) + 14.1kJ/mol$$

由于分子和晶格结构的变化而使物料比重增大。加入的轻灰量与水量之比为分子量之比即106∶18。

3. 液相水合法

液相水合法与固相水合法的区别在于液相水合法Na_2CO_3与H_2O的水合过程在大量的Na_2CO_3水溶液中进行。

4. 湿重碱在密闭容器内直接制取重质纯碱

这一重灰生产方法的关键是一方面使分解产物二氧化碳进入气相以保证碳酸氢钠分解完全；另一方面使分解产物水能部分以液态存在，并与Na_2CO_3结合，生成$Na_2CO_3 \cdot H_2O$，这一过程在加压下进行，从而获得重质纯碱。但目前这一方法还处于试验阶段。

项目八 氨的回收利用

任务一 知识与技能准备

母液中含氨的化合物可以分为游离氨［如$(NH_4)HCO_3$、NH_4CO_3、NH_4OH、NH_4HS］和结合氨两类。前者可以用蒸汽直接加热的方法蒸出氨气，后者则需要兼用化学处理法，即在蒸出游离氨后的预热母液中，加入适量的石灰乳（维持一定过剩量），使 NH_4Cl 与 $Ca(OH)_2$ 作用，先生成 NH_4OH 与 $CaCl_2$，再从 NH_4OH 中将 NH_3 蒸出。

游离氨：指能够用加热的方法直接从溶液中蒸出的氨，包括溶液中的 NH_3、NH_4OH 及氨的碳酸盐等。以符号 FNH_3 表示。

结合氨（也称固定氨）：不能单纯靠加热的方法而分解出的氨的化合物。一般指溶液中的 NH_4Cl、$(NH_4)_2SO_4$ 等，它们必须先经过化学反应转变成游离氨，然后才能从溶液中蒸出。以符号 CNH_3 表示。

蒸氨过程的主要化学反应为：

$$2NH_4Cl + Ca(OH)_2 = 2NH_3 + CaCl_2 + 2H_2O$$

任务二 认识蒸氨塔

蒸氨塔（图 5-23）一般为泡罩塔，分为三段，即冷凝段、加热蒸馏段、加灰蒸馏段。由轻灰来的热母液经热母液泵送到蒸氨塔加热分解，在这里母液与下部上来的气体直接进行热量与质量的传递，而被加热，其中氨的碳酸盐分解绝大部分二氧化碳及一部分氨脱吸而蒸出。剩余溶液成为预热母液，预热母液进入预灰桶。在预灰桶内，预热母液中的 NH_4Cl 及$(NH_4)_2CO_3$ 与石灰车间来的 $Ca(OH)_2$ 进行反应成为调和液，进入蒸氨塔加灰蒸馏段顶圈，经加灰段加热蒸馏，溶液中的氨及 CO_2 几乎全部被蒸出。

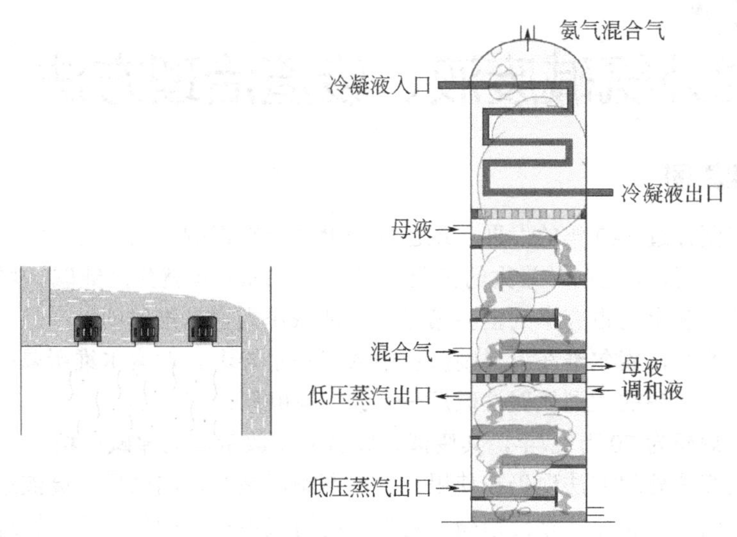

图 5-23　蒸氨塔

任务三 选择氨回收的工艺条件

一、温度

温度越高，水蒸气分压越高，液体腐蚀性越强，一般塔底维持 110～117℃，塔顶在 80～85℃，并在气体出塔前进行一次冷凝，使温度降至 55～60℃。

二、压力

蒸氨过程中，塔的上、下部压力不同。塔下部压力与所用蒸汽压力相同或接近；塔顶的压力为负压，有利于氨的蒸发并避免氨的泄漏损失。同时也应保持系统密封，以防空气漏出而降低气体浓度。

三、石灰乳的用量

用于蒸氨的石灰乳，一般含活性 CaO 浓度为 4.5～5.5mol/L，用量应比化学计量稍微过量，以保证蒸氨完全。调和液中 CaO 一般过量不超过 0.03mol/L，这应根据母液流量及浓度、预热母液中含 CO_2 量以及石灰乳的浓度、操作温度等调节。

四、废液中的氨含量

一般控制在 0.0007mol/L 以下，废液中氨的含量是蒸氨操作效果的重要标志。若废液中氨含量过高，说明氨回收效果不好，造成氨的损失大；若废液中氨含量过低，则说明加入石灰乳过量，易造成设备及管道堵塞。

任务四 介绍国外氨碱废液、废渣治理方法

一、索尔维集团

索尔维集团经过140年的发展，现已成为世界上有影响力的跨国公司，是欧洲第十二大化工医药公司，是比利时最大的工业公司。早在1866年就生产纯碱、盐等化工产品。纯碱的规模效益和市场占有率列世界第三。其纯碱作为索尔维的创世产品，现在依然是索尔维的支柱产品，索尔维在世界制碱业中依然是主导者。对索尔维所属的纯碱厂，重点介绍位于法国南锡的大型氨碱法碱厂——顿巴斯碱厂。

该厂生产规模为70万吨/年，其废液、废渣的排放量与天津碱厂相当。1873年碱厂投产时的废液废渣处理方法现仍在使用。顿巴斯碱厂是个内陆碱厂，废液经处理后，清液排入莱茵河的一个支流，顿巴斯碱厂处理后的清液中氨、固体悬浮物接近于零，因此该两项指标不进行常规检测，地区环保偶尔抽查也无不合格的先例。唯一严格监控的指标是清液入河流，河水中的Cl^-增加量必须小于400mg/L。他们采取的办法是筑坝存渣、清液入河。坝是由废石、废砂碎石筑成，坚固耐用。坝宽十余米，可以同时跑两辆大卡车。坝上设有环形排渣口，每隔50～60m有一入口。根据坝内渣的堆积情况，开停入口，废清液由出口流入澄清缓冲池。缓冲池内的废清液由泵送入河中，送入河中的清液流量根据河中上、下游的Cl^-的增加量必须小于400mg/L进行调节与控制。调节与控制由计算机来完成。清液入河口上游设一个自动Cl^-监测点，下游分别在七个不同的位置设Cl^-自动监测点，数据自动传输到DCS系统工作站。进行工作后指令清液泵输送调节系统，达到自动调节的目的。清液泵设在6km以外，无人操作，偶有问题，DCS系统会报警。巡检人员开车前往处理。为防止渣池和缓冲池的渗漏，池周边有一小沟，小沟内的渗漏水也由自动泵排除。

二、TATA化学公司

印度最大的公司是TATA集团，它的子公司——TATA化学公司，是世界最著名的化工公司之一。TATA化学公司成立于1939年，总部设在孟买，是印度最大的纯碱制造商。

针对废液、废渣排放的环保问题，TATA化学公司成立了水泥厂，水泥厂生产能力为1000kt/a，产品规格有三个标号：43#、53#、精制水泥。采用废液压滤装置压滤滤渣。然后由皮带机送去作为制水泥原料。滤渣量占水泥厂石灰石用量的25%左右。废液压滤装置建在水泥厂，共计6台压滤机，均由芬兰公司制造，分为两组，每组三台，串联使用。

三、PENRRCE公司

PENRRCE公司是澳大利亚，也是传统的氨碱法纯碱厂。它始建于1940年，当时的生产能力为50kt/a，1980年生产能力扩建到350kt/a。该厂没有继续扩产的意向，其原因主要是根据澳洲市场需求状况，以维持供求平衡。PENRRCE纯碱厂非常重视产品质量和环境保护，蒸馏废液过去一直是直接排到工厂附近的海河中，废液中的细颗粒被河水

冲走，粗颗粒沉积在河床上，每两年人工清挖一次。这种方法几年前受到环保部门和工会的指责，要求该厂限期进行治理改进。该厂的技术人员经过多方调研包括对中国纯碱厂治理技术的调研，结合当地的情况，采用了“筑坝建池、清液排放、沉渣堆放、填地绿化”的处理方法，这个处理的方法比较实用。

实训任务五 盐水精制工艺流程分析

1. 请根据所学习的流程图选用适当的设备连接制备饱和精盐水的工艺流程，并阐述流程及设备名称和作用。

盐水精制工艺流程如下：

（1）化盐　原盐经皮带输送机由化盐桶上部进入，与从其底部进入的杂水逆流接触，形成饱和粗盐水自化盐桶顶部用粗盐水泵送至反应罐。

（2）精制　石灰乳、纯碱液自外管进入石灰乳罐和碱液罐再自流至苛化罐，配制好的苛化液与粗盐水进入反应罐，它与粗盐水中的 Ca^{2+}、Mg^{2+} 反应生成 $CaCO_3$ 和 $Mg(OH)_2$ 沉淀。从反应罐顶部和配好的助沉剂溢流至澄清桶，使 $Mg(OH)_2$ 和 $CaCO_3$ 更好地沉降。苛化盐水在澄清桶内澄清，成为合格精盐水由澄清桶顶部溢流至精盐水罐，经精盐水泵送至重碱车间吸氨工序。

（3）洗泥　盐泥由澄清桶底部排放到盐泥槽，用盐泥泵送至三层洗泥桶上层，洗水由三层洗泥桶底部进入，盐泥与洗水在三层洗泥桶中经三层逆流洗涤，清液从上层流入杂水罐，用杂水泵送至化盐桶化盐。废泥自三层洗泥桶底排至废泥槽，由废泥泵送至外管（有些企业会再经过板框压滤机过滤后废弃）。

2. 以下为制备饱和精盐水工段的工艺控制参数，请同学们思考为什么会是在此范围内。

（1）为了满足原盐的溶解和盐泥的沉降速度，化盐用水一般保持在 42～45℃。

（2）苛化液温度为 80℃。

（3）反应罐停留时间为 30 分钟，Na_2CO_3 过量 0.0125mol/L，CaO 过量 0.00125mol/L。

注：① 因为除钙、镁的沉淀是一次进行，苛化反应的程度和碱、灰的过剩控制就显得比较重要，操作中加强注意；

② 盐水精制的目的也反映了浊度的地位，所以助剂浓度和流量的控制是操作中的重点。

参考文献

[1] 王石军. 冷分解-浮选-洗涤法制氯化钾的加水量控制[J]. 连云港化工高等专科学校学报, 1999, 12(2): 36-39.

[2] 钱晓杨. 日晒法生产氯化钾工艺的研究[J]. 海湖盐与化工, 1998, 28(1): 29-30.

[3] 方勤升, 王庆生, 钱晓杨, 等. 反浮选-冷结晶生产氯化钾工艺过程的优化[J]. 无机盐工业, 2001, 33(4): 32-33.

[4] 蔡生吉, 马国华, 屈亚林. 用盐湖卤水生产氯化钾反浮选冷结晶工艺流程[J]. 无机盐工业, 2005, 37(5): 10-11.

[5] 张建民. 氯化钾生产工艺研究进展[J]. 广州化工, 2010, 38(10): 55-56.

[6] 徐贵玉, 殷海青, 马明鹏. 盐湖卤水氨法制备氢氧化镁工艺探究[J]. 贵州师范大学学报(自然科学版), 2021, 39 (03): 48-52.

[7] 李国祥. 氨法生产氢氧化镁和氧化镁的工艺流程分析[J]. 纯碱工业, 2019, (01): 8-12.

[8] 于雪峰, 朱秀丽, 师敏, 等. 探究温度对氨法制备氢氧化镁阻燃剂的影响[J]. 化学工程与装备, 2011, (03): 33-35.

[9] 蒋晨啸, 陈秉伦, 张东钰, 等. 我国盐湖锂资源分离提取进展[J]. 化工学报, 2022, 73(02), 481-503.

[10] 赵汝真, 魏琦峰, 任秀莲. 盐湖提锂的萃取分离研究现状与展望[J]. 应用化工, 2021, 50(06): 1690-1693.

[11] 李山岭, 吴巴特尔, 李守刚. 我国低盐重质纯碱生产工艺创新方法研究[J]. 河南科技, 2019, 682(20), 139-141.

[12] 郝莉, 殷俊. 一种低盐重质纯碱生产的新工艺[J]. 中国井矿盐, 2016, 47(03), 5-6.

[13] 成龙, 卞洋. 浅析固相水合重灰大颗粒的控制[J]. 纯碱工业, 2018, (01): 35-37.